遥感影像阴影检测及消除理论与方法

郭明强 马 钊 朱 静 黄 弘 著

科学出版社

北京

内 容 简 介

本书聚焦遥感影像阴影检测与去除问题，详细介绍三类阴影检测和三类阴影去除方法，可为遥感影像数据加工处理提供算法指导，内容由浅入深，循序渐进，涵盖遥感影像阴影检测与去除的完整过程。全书共 12 章，先介绍遥感影像阴影检测与去除涉及的技术现状和相关基础理论，然后分别介绍自适应无监督阴影检测方法和智能迭代阈值搜索阴影检测方法，进一步介绍基于深度学习的细节感知阴影检测网络。针对遥感影像阴影去除问题，分别介绍基于非线性光照迁移和基于区域分组匹配的阴影去除方法，最后介绍基于深度学习的渐进式阴影去除网络。

本书可作为测绘、遥感、地理信息系统、计算机等领域，特别是遥感影像处理方向的科研工作者的技术参考书，也可作为开设相关专业高校的教材和教学参考书。

图书在版编目（CIP）数据

遥感影像阴影检测及消除理论与方法 / 郭明强等著. — 北京: 科学出版社, 2024. 6. — ISBN 978-7-03-078679-1

I. TP751

中国国家版本馆 CIP 数据核字第 2024J8H034 号

责任编辑：杜　权/责任校对：高　嵘
责任印制：彭　超/封面设计：苏　波

科学出版社 出版
北京东黄城根北街 16 号
邮政编码：100717
http://www.sciencep.com
武汉市首壹印务有限公司印刷
科学出版社发行　各地新华书店经销
*
开本：787×1092　1/16
2024 年 6 月第 一 版　印张：11
2024 年 6 月第一次印刷　字数：260 000
定价：128.00 元
（如有印装质量问题，我社负责调换）

遥感影像中的阴影是直射光被地面物体全部或部分遮挡时形成的。阴影的存在会造成图像视觉效果的退化，使地物目标信息严重缺损，降低图像的解译精度，对于地物分割、目标识别等应用有着负面的影响。通过对阴影的检测，可以提取遮挡物的轮廓、高度等特征，有助于遥感影像三维重建的应用。为了提升遥感影像的应用潜力，需要在阴影检测的基础上对阴影进行去除，并恢复区域内的颜色、纹理信息，以满足高级应用的需求。

在遥感影像阴影检测方面，本书首先介绍自适应无监督阴影检测方法。为了保证阴影特征的精准提取，本书分别深入探讨基于 HSI 颜色空间的多通道检测模型及基于多颜色空间多通道检测模型。由于阴影检测存在无法准确识别阴影阈值及计算时间过慢等问题，本书提出自适应粒子群优化算法和自适应蛇群智能优化算法，可极大地优化阴影检测的检测精度与运算流程。本书基于遥感影像中阴影的特征，设计一种多颜色空间特征通道组合，并将元启发式智能优化算法引入阴影检测领域，提出自适应加权白鲸智能优化方法，高效地完成阴影检测中最佳分割阈值搜索任务，从而提高阴影检测算法的性能。

此外，本书利用深度学习技术来进行阴影检测，提出一种基于混合损失函数的上下文显著性检测网络。该网络使用一个双分支模块来缓解卷积过程中信息的损失，然后利用残差膨胀模块对高级语义特征进行压缩处理，以保留有效的阴影特征。此外，在解码部分添加上下文语义融合方法对不同尺度的信息进行聚合，从而加强全局空间关系。最后，本书提出一个新的损失函数来发现更多分散的阴影，从而可以有效地检测小物体的阴影。通过光谱变异性实验，证明所提出的方法可以在有色差的图像上表现出更好的检测效果。

在遥感影像阴影去除方面，本书提出不规则区域匹配与非线性光照迁移阴影去除算法。首先，考虑阴影会削弱地物的颜色纹理特征，设计方向自适应的光照无关特征提取方法，以突出阴影内的地物纹理。其次，针对不规则图像块构建光学视觉特征矩阵，利用奇异值原理实现阴影块与光照块的区域匹配过程。然后，对提出的非线性光照迁移算法进行公式推导，以实现阴影去除功能。为了提升图像视觉效果，对去除后的阴影区域进行多尺度细节融合处理。最后，对于阴影边界，本书提出基于曼哈顿距离的动态补偿过程，以实现阴影区域到光照区域在边界上的自然过渡。

针对遥感影像阴影去除任务，本书提出一种基于区域分组匹配的自适应色彩转移阴影去除方法，该方法能够兼顾整体与局部区域的阴影去除效果，并保留地物的纹理细节。首先，考虑地物空间距离越近则相似性越高，基于阴影掩膜提取阴影区域周围部分非阴影区域，使用所提出的不规则区域色彩转移方法对阴影区域进行初步光照恢复。接着，利用旋转不变的光照无关纹理特征提取方法提取地物的纹理细节，并对其进行去噪处理。然后，基于图像分割算法对阴影区域和非阴影区域图像进行分割，并根据颜色矩原理进行内部分组，防止后续匹配过程因部分图像块尺寸过小而造成匹配结果异常。最后，构建阴影组与光照组的平均纹理特征向量，并基于此进行分组匹配，利用所匹配的光照组对阴影组进行局部阴影去除效果增强。

此外，本书提出一个利用生成对抗网络实现遥感影像阴影去除的框架。首先利用一个阴影预消除子网络进行阴影的初步消除。然后使用一个先验知识引导的细化子网络更精细地优化阴影区域的光谱和纹理信息。最后，这两个子网络的生成器由同一个局部特征鉴别器进行监督训练，从而更好地指导生成器生成更加逼真的图像。

本书使用真实的遥感影像数据集进行实验评价分析，结果表明，本书提出的遥感影像阴影检测与去除方法具有良好且稳定的效果，可为遥感影像数据加工处理提供理论、算法和软件支撑。

参与本书撰写工作的还有张海雪、黄颖、张之政、杨阳。本书出版得到国家自然科学基金项目（41971356）和自然资源部城市国土资源监测与仿真重点实验室开放课题（KF-2022-07-001）的支持，在此表示诚挚的谢意。同时，向本书所列参考文献、资料的所有作者表示衷心的感谢。因作者水平有限，书中难免存在不足之处，敬请读者批评指正。

郭明强

2024 年 2 月 1 日于武汉

目录

第1章 绪 论

数字图像处理技术是遥感影像研究的基础和关键。遥感影像通常以数字形式呈现，具有范围广、数据量大、分辨率高等特征。数字图像处理技术为遥感影像研究和应用提供了丰富的工具和方法，包括图像增强、分割、特征提取等，为后续的阴影检测与去除奠定了基础。在这一背景下，深入理解数字图像处理的原理和方法可以更好地解决遥感影像中的复杂问题。

遥感影像是指利用卫星、航空器、无人机等设备对地球表面进行拍摄和采集所获取的图像数据。随着遥感技术的飞速发展，高分辨率遥感影像在土地利用规划、资源管理、环境监测、工业生产、安全防护等领域发挥着越来越重要的作用。例如，通过遥感影像可以获取详细的土地覆盖信息，包括建筑物、道路、农田等，这有助于优化用地布局、提高土地利用效率，以及监测城市扩张和土地利用变化，为城市规划提供时空信息，支持可持续发展规划。此外，遥感影像可用于监测农田植被状况、水域变化、土壤质量及作物生长情况，有助于资源的合理利用和保护。然而，在实际应用中，遥感影像中阴影的存在对影像质量和信息提取造成了不可忽视的挑战，并且由于光照变化、纹理变化和其他环境因素影响，在复杂场景中检测和去除阴影仍然具有挑战性[1]。

在大多数遥感影像中，特别是在城市场景中，阴影是不可避免的现象[2-3]，当直射光全部或部分被场景中高大的物体遮挡时就会产生阴影[3-4]。而随着遥感技术的发展，遥感影像的分辨率不断提高，因此影像中的阴影也愈加清晰。尽管阴影有时也可用作三维重建信息，如辅助判断建筑物的形状及高度的测量等，但是大多数情况下阴影的存在都会引起图像降质，导致阴影区域信息减少，使图像识别、目标检测、地物分类、土地利用监测、建筑物提取及特征提取等图像处理更加困难[5-8]。因此，如何准确地检测遥感影像中的阴影，恢复阴影区域的纹理细节及颜色信息具有重要的研究价值[9-10]。

遥感影像中阴影区域的检测是后续阴影去除的前提，阴影区域检测的准确性也直接关系到后续工作的成败，其检测精度和计算效率是需要考虑的两个问题。近年来，国内外学者在阴影检测方法的研究方面取得了不少成果。一般来说，目前的阴影检测研究主要从基于模型、基于属性及基于深度学习三个方面进行讨论[11-14]。基于模型的方法非常依赖先验知识[4]，通常需要根据传感器参数、地形分布及位置信息等先验知识来建立物理或几何模型，再根据模型去检测阴影区域。但是在遥感影像的获取过程中，先验知识往往很难获取，导致基于模型的方法通常普适性较差。基于属性的方法[15-16]则不需要先验知识，而是通过提取可以在阴影区域和非阴影区域产生差别的特征（如亮度、色调等信息），并以此作为划分两者的根据来检测阴影。这类方法通常需要考虑不同的阴影特征选择及分割阈值的确定问题。基于深度学习的方法[17]是使用自动的网络框架，通过在大量的成对训练数据集中学习阴影区域和非阴影区域的特征，以端到端的方式来完成阴影检测。然而，这类方法需要大量的训练数据，并且对训练标签的质量要求很高，因此，仅在数据集标注这一阶段就需要耗费很大的人力物力。

高分辨率遥感影像的阴影去除，就是在不破坏阴影区域原有地物特征结构的基础之上，恢复阴影区域地物原有的颜色及纹理信息，获取高质量的无阴影遥感影像。但是在复杂的遥感影像场景中，阴影可能是在不同的光照条件、表面材质及场景下产生的，如何根据不同阴影区域的特征进行阴影去除，从而获得高质量的阴影去除结果仍是一个亟待解决的问题[18-19]。目前，阴影去除的研究主要可以分为基于梯度域、基于强度域、基于深度学习三个方面。基于梯度域[20-21]的阴影去除方法的基本思想是通过消除阴影边界上的梯度，并根据阴影区域的梯度信息重建无阴影图像。但是这类方法在阴影边缘部分可能会产生伪影，阴影去除效果高度依赖阴影边缘的检测精度。基于强度域[22]的阴影去除方法是利用空间相似性，通过周围的非阴影区域来对阴影区域进行补偿，从而使阴影区域与周围非阴影区域更加一致，最终实现遥感影像无阴影图像重构。虽然这类方法能够有效地完成阴影去除任务，但是遥感影像地物错综复杂，并且阴影的存在导致地物的颜色、纹理、几何特征等信息有着不同程度的损失，因此如何精准地匹配阴影区域和光照区域成为不得不考虑的问题。此外，在阴影去除这一任务中，深度学习方法也展现出了很大的潜力。这类方法主要是在成对样本的监督下，通过生成器和鉴别器的相互作用，以生成无阴影图像，在对自然图像的阴影去除方面取得了卓越的视觉效果，其中以生成对抗网络（generative adversarial networks，GAN）模型为代表。这类方法存在两个主要问题：①通常依赖有监督的成对数据进行训练，才能实现良好的去除效果，但是受光照变化和卫星重访周期的影响，难以获得同一位置的阴影图像和无阴影图像，因此在遥感领域的阴影去除效果不佳；②由于遥感影像中地物类型复杂、空间范围大，利用深度学习模型实现阴影去除的训练时间可能过久，从而导致模型难以收敛的问题。

1.1 阴影检测方法

相较于普通的自然影像，遥感影像的场景更加复杂，地物分布随机性更强。近年来，国内外众多学者就如何准确地检测阴影区域开展了大量的研究。总的来讲，目前国内外关于阴影检测的研究可大致从基于模型、基于属性及基于深度学习三个方面来讨论。

1.1.1 基于模型的阴影检测方法

基于模型的阴影检测方法通常需要根据传感器参数及地形等先验知识来建立物理或几何模型，并基于模型来完成阴影检测任务。Panagopoulos 等[23]使用 Fisher 分布来建模阴影，但这种方法需要三维几何信息。Jung 等[24]提出了一种融合了几何特征及高斯概率分布模型的阴影检测方法，但是该方法需要人工手动分割阈值，并且对图像中局部区域处理效果较差。Makarau 等[25]基于黑体辐射器的物理特性提出了一种能够自适应计算特定场景参数的阴影检测模型，该模型对于遥感影像的阴影检测有良好的性能，但是计算效率较低。Tian 等[26]根据阴影与非阴影在 RGB（red，green，blue）三个颜色通道中的衰减关系提出了一种三色衰减模型，并结合像素强度对阴影像素进行分类，最终完成了阴影检测任务，但该方法对于光照条件有一定的限制。Zhu 等[27]开发了一种云阴影检测方法，将传感器的照明角度和视角一起用于预测阴影位置。同样地，Lee 等[28]通过考虑阴影区域朝向光源区域的方向来检测阴影对象。总的来说，基于模型的阴影检测方法具有一定的局限性，因为它不容易获得准确的相关几何参数。

1.1.2 基于属性的阴影检测方法

基于属性的阴影检测方法是通过提取可以在阴影区域和非阴影区域产生差别的特征（如亮度、色调等信息），并以此作为划分两者的根据来检测阴影。这类方法不需要任何的先验知识，但是不同的阴影特征选择及最佳分割阈值的确定仍是需要考虑的问题。对于阴影特征的选择，同样的阴影区域在不同的颜色空间模型表现出的特征不同，因此，许多学者基于此提出了多种阴影检测方法。杨俊等[29]则利用在 RGB 颜色空间模型下阴影区域蓝色分量偏高的特性，联合图像蓝色分量及归一化蓝色分量，使用双阈值完成阴影检测任务。Finlayson 等[30]基于颜色恒常性原理提出了多种阴影检测方法，然而，这些方法在处理图像质量较差、纹理复杂或光源变化较大的情况下表现较差。Wang 等[16]改进了 Finlayson 等[30]方法中固定参数的限制，提出了一种使用聚类来检测阴影边缘的方法，相对而言，该算法给出了较为稳定的结果，并在室内和室外两种场景中都能有效地执行，但是该方法不能像 Finlayson 等[30]提出的方法那样给出准确的阴影边缘检测结果。陈铼[31]根据阴影区域颜色比非阴影区域颜色深的特点，提出了一种利用 RGB 分量来检测阴影的方法，该方法分别对 R 和 G 两个波段进行大津阈值分割（由于 B 波段散射较强、波动较大，不易作为分割的条件），然后利用直接差分或协方差差分算子进行阴影的检测。该方法实现简单、复杂度较低，但当太阳光不强烈，形成颜色较浅的软阴影时，无法准确地检测出阴影区域。针对 RGB 分量检测阴影的缺陷，Tsai[32]提出了一种利用 HIS（hue，saturation，intensity）空间比值图像来进行阴影检测的方法。在影像判别过程中，色调和饱和度是目标提取的重要依据，阴影在 HIS 色彩空间中与光度无关，因此可以依据此不变性来进行阴影检测。该方法需要先将 RGB 影像转换到 HIS 空间，并将其分量进行归一化处理，然后根据得到的 HIS 分量合成单波段比值图像，最后对其进行大津阈值分割，根据最佳阈值将影像分割成二值图像。该方法可以较好地识别大部分阴影区域，但由于异物同谱现象，一些暗色物体也会被错检为阴影。

随着机器学习方法的发展，很多学者也将阴影的属性作为模型学习的样本，采用机器学习的方式进行阴影检测。谢亚坤等[33]基于人工选择影像中的阴影样本进行训练，动态提取阴影属性作为判别阴影区域的条件，分别采用对比度拉伸和颜色分量的布尔关系得到基于亮度空间和色彩空间的候选阴影区域，然后再对两个空间的阴影区域进行结合，最后采用阈值方法进行阴影的检测。该方法虽然可以自动地实现阴影检测，但其普适性较差、鲁棒性较低。

此外，对于基于属性的方法，应重点解决两个关键问题，即颜色空间中阴影属性的选择和确定合适的阈值以识别阴影区域。颜色可以在不同的三维空间（如 RGB、HSI、HSV 和 C1C2C3 空间）中表示，并且可以通过数学变换将一种颜色空间转换至另一种颜色空间。每个色彩空间都有特殊的属性，可以适用于特定的场景。王宁[34]提出了一种基于 RGB 颜色空间中阴影区域高蓝光值的归一化蓝色光通道。在归一化的蓝色光通道中，阴影区域主要集中在高像素部分，但蓝色地物也具有高像素值。RGB 色彩空间的主要缺点在于其区分相似颜色的能力不足。另一个广泛使用的是 C1C2C3 颜色空间，它被认为是阴影检测的最佳非线性变化[35]。需要注意的是，色彩空间的选择会对阴影检测性能产生影响。例如，Bao 等[36]尝试通过组合多个颜色空间（如 RGB 和 HSI）来检测阴影，以充分利用阴影的光谱特性。先前的研究也证明，基于 HSI 颜色空间的三种不同的阴影检测指标比仅使用 HSI 颜色空间产生更准确的结果。

综上所述，基于属性的阴影检测方法首先将影像转换到不同的颜色空间，然后利用阴影特有的属性进行检测。然而，由于遥感影像场景复杂，阴影区域变化差异大，该方法的性能不够稳定。同时由于某些物体光谱性质与阴影十分相似，这类方法的错检率也较高。

1.1.3 基于深度学习的阴影检测方法

随着深度学习理论和技术在数字图像处理领域的高速发展，许多学者也开始将深度学习应用到遥感影像阴影检测领域中，利用神经网络强大的学习能力，通过在大量的训练数据集中学习阴影区域和非阴影区域的特征，以端到端的方式来完成阴影检测任务[37]。Khan 等[38]率先将卷积神经网络（convolutional neural networks，CNN）引入阴影检测研究，他们使用多个卷积深度神经网络，通过监督学习自动去除阴影特征。Zhu 等[39]提出了一种结合深度卷积神经网络的深层全局上下文和浅层局部上下文来检测阴影的网络，充分利用 CNN 的全局和局部上下文信息来检测阴影。Luo 等[3]提出了一种新的深度监督卷积神经网络——反卷积单镜头检测器网络（deconvolutional single shot detector net，DSSDNet）用于航空遥感影像的阴影检测，该模型采用编码器-解码器残差（encoder-decoder residual，EDR）结构提取多层次判别阴影特征，然后对 EDR 进行深度监督渐进融合处理，直接指导网络训练，逐步融合相邻特征图，进一步提高阴影检测性能。Le 等[40]和 Wang 等[41]将阴影作为实例对象，建立了一个深度模型来预测单个物体与其自阴影和投射阴影的详细位置，并将它们与光照相匹配，从而产生阴影物体对。由于该方法并没有考虑阴影的重叠问题，当不同物体的阴影重叠时可能产生匹配错误的现象。

基于 CNN 的阴影检测方法训练需要大量像素级标注数据并且非常耗时。Nguyen 等[42]将生成对抗网络应用于阴影提取任务，通过生成器生成阴影掩膜，并利用鉴别器判别生成阴影掩膜的质量。通过不断对抗学习的思路产生能够欺骗鉴别器的阴影掩膜图。但是，由于 GAN 训练不稳定，很容易产生梯度消失、梯度爆炸的问题，从而导致模型训练失败。为了解决 GAN 的问题，Hu 等[43]和 Zhu 等[39]开发了方向感知的空间感知模块和递归注意力残差模块，以增强阴影检测过程中的空间背景信息。Chaki[44]使用生成的模糊阴影来干扰模型训练，以使其对亮度和对比度的变化具有较高的鲁棒性。Chen 等[45]提出了一个半监督的多任务多教师（multiple task and multiple teacher，MTMT）模型，分别提取阴影区域、阴影边缘和阴影计数信息。提取的信息被分配给两个子网络，并训练这两个网络使他们对信息的预测保持一致。因此，通过使用与非监督网络一致的监督网络，可以有效地实现半监督的阴影检测。

综上所示，基于深度学习的阴影检测方法采用端到端的学习框架，实现对阴影的自动检测。但由于目前很多深度学习网络都是以堆叠卷积层的方式来对影像进行特征提取，很多低级语义特征会被忽略，从而导致细节的缺失。

1.2   阴影去除方法

阴影去除就是在不破坏阴影区域中地物特征结构的基础上，恢复阴影区域地物原有的颜色及纹理信息，从而获取高质量的无阴影遥感影像。目前阴影去除的研究主要可以分为基于梯度域、基于强度域及基于深度学习三个方面。

1.2.1   基于梯度域的阴影去除方法

基于梯度域的阴影去除方法的基本思想是通过消去阴影边界上的梯度，根据阴影区域的梯度信息重建无阴影图像。Finlayson 等[46]提出基于梯度解泊松方程的方法来进行阴影消除，该方法通过将图像 RGB 颜色通道投影到与亮度和颜色变化方向正交的方向上，从而获得光照不变无阴影图像，然后将利用光照不变无阴影图像和原始图像得到的边界作为泊松方程初始化的已知区域，并将阴影边界区域的梯度值赋值为 0，最后对整个阴影图像求解二维泊松方程，达到去除阴影的目的。进一步地，Finlayson 等[21]通过在对数色度空间寻找光线变化最小方向从而获得最小熵值，利用最小化熵产生独立于照明反射信息的光照不变无阴影图像，利用该特征无关图像得到更加准确的阴影区域边界，最后对阴影区域求解泊松方程，从而得到去除阴影后的图像。Liu 等[47]根据半影区域的光照和梯度变化，对阴影和光照区域分配梯度来去除阴影。Mohan 等[48]提出了一种通过拟合梯度域阴影边缘模型去除阴影的方法，该方法模拟环境照明等各种照明条件用于阴影去除。黄微等[49]提出了一种不依靠精准阴影掩膜的阴影去除方法，该方法只需要一个大概的阴影轮廓范围，通过对阴影区域进行梯度最优化修正即可完成阴影去除任务。总的来说，基于梯度域的阴影去除方法虽然能够实现阴影去除，但是在阴影边缘部分可能会产生伪影，如果想要得到更加精确的结果，则高度依赖阴影边缘的检测精度。此外，这类方法对于阴影区域内部地物的纹理恢复较差，无法很好地保留原有地物信息。

1.2.2   基于强度域的阴影去除方法

基于强度域的阴影去除方法是基于影像中阴影区域与非阴影区域的空间关系，选择合适的非阴影区域来对阴影区域进行补偿，从而使阴影区域与周围非阴影区域更加一致，最终实现遥感影像无阴影图像重构。例如经典的 LAB 颜色空间法[50]，将每个颜色通道单独考虑，并将每个通道在阴影区域的平均值与其最近非阴影区域的平均值之比作为一个常数，然后将阴影区域的各颜色通道值乘以该常数以实现阴影去除。Zhang 等[51]首先提取阴影的外轮廓线，然后通过线性映射校正来恢复阴影区域光照信息。Silva 等[13]提出的照明比法基于线性映射模型对阴影区域及其边界的照度比,找出补偿阴影区域的系数,并根据该系数重新计算阴影区域像素值来实现阴影去除。Hsieh 等[6]提出的函数映射优化法通过超像素分解图像并聚类,然后基于随机森林模型进行阴影区域与非阴影区域之间的匹配,并根据匹配对推导出映射函数,从而重新照亮阴影区域像素。Shor 等[52]提出了一种基于拉普拉斯(Laplace)金字塔模型的阴影消除方法。该方法在阴影消光方程的基础上,认为在同一光照场景中,材质相同的阴影区域和光照区域中的像素值之间近似满足线性关系。因此,利用拉普拉斯金字塔对图像分层,并在每一层对线性映射模型进行参数估计,最终合并生成无阴影区域。Guo 等[53]提出了一种基于区域匹配的阴影去除方法,结合直射光与环境光的比值对线性映射模型进行改进,从而实现对阴影区域的去除。

针对一些包含复杂纹理或者材质的不均匀阴影,傅利琴[54]提出了基于 Fisher 判别准则的光照无关图去阴影方法。该方法利用 Fisher 判别准则快速精确地提取最佳投影方向,再利用光照无关图与各波段图像亮度值之间存在的线性关系,通过线性最小二乘拟合原理重构出无阴影的彩色图像。Xiao 等[55]以线性映射模型为基础提出了一种基于纹理匹配的参数自适应阴影消除算法。该算法首先利用 Gabor 小波变换分别提取阴影区域和非阴影区域的纹理特征,并根据纹理特征距离和空间距离两个度量特征,为阴影区域中的分割块在非阴影区域中找到其对应的匹配块,最后对每一组匹配块,采用基于线性映射模型构建的参数自适应阴影消除算法来恢复阴影区域分割块的光照。Xiao 等[56]将阴影去除问题转化为无阴影样本与阴影像素之间的非局部特征匹配问题,并通过能量最小化方法从单一 RGB-D 图像中恢复光照。Zhang 等[18]针对复杂纹理图像的阴影区域,提出一种基于亮度优化算子的阴影去除方法。该方法将图像分解为互相重叠的矩形块,并按照纹理度量标准来实现阴影块与非阴影块的匹配过程,基于每对匹配块的矩阵信息,构造亮度恢复算子从而消除阴影区域。张玲[57]提出了一种基于多尺度图像分解的软阴影去除方法。该方法提出一种局部相关点的图像平滑算法,将图像分解为一个基本层和多个细节层,从而实现对阴影图像进行多尺度分解的过程,并利用层中的局部颜色信息对特征颜色块中的阴影进行消除。Fan 等[58]提出了一种阴影感知的阴影处理算法,该算法基于阴影置信度,能自动检测并去除单色图像中的复杂阴影。尽管上述方法能够恢复阴影区域内的光照信息,但是阴影整体恢复结果通常与光照区域相比有明显的色差,并且对阴影的处理过程相对简单,可能无法捕捉到复杂阴影的细节变化,通常阴影内部的纹理信息恢复较差。

1.2.3 基于深度学习的阴影去除方法

深度学习方法在阴影去除领域展现出了很大的潜力,因此很多学者开始研究基于深度学习的阴影去除方法,其中一种常见的方法是使用卷积神经网络(CNN)来学习阴影和非阴影区域之间的复杂映射关系,从而实现阴影去除。Hu 等[43]通过在循环神经网络(recurrent neural network, RNN)中聚合空间上下文特征时引入注意权重来制定方向感知注意机制,通过训练学习来去除阴影。Qu 等[59]提出的自动的端到端的深度神经网络,通过提取丰富的语义信息进行图像重构。Khan 等[60]基于 CNN 实现单幅图像的阴影检测与消除,该方法首先通过一个 7 层卷积神经网络对超像素图像中的特征进行提取,同时伴随着对图像的分块，最后再结合一个贝叶斯模型以实现阴影检测和阴影去除。Cun 等[61]提出了一种新的对偶层次聚合网络模型用于阴影去除工作。该模型下采样层采用不同尺度的空洞卷积实现不同分辨率特征的提取，并根据不同尺度的特征分层聚合上下文信息，从而生成阴影去除权重参数和预测结果。以上阴影去除方法都通过使用不同的信息提取方式中学习的多尺度特征获取更加丰富的上下文信息，并取得了一定的效果。但对高复杂度的遥感影像而言，这些方法无法实现较好的阴影去除。

后来，很多学者将生成对抗网络引入阴影去除中。Wang 等[62]提出了一种用来联合学习的条件叠加生成对抗网络模型，将阴影检测和阴影去除模块进行整合，通过分别训练的方式实现阴影的完整去除。该模型中，阴影检测和阴影去除模块结构相同，生成器采用 5 层深度的 U-Net 特征提取网络，而鉴别器则采用相同深度的全卷积神经网络构成。需要注意的是，该模型对阴影检测和去除两个阶段进行交叉训练，检测效果影响去除能力，反之，去除能力辅助检测效果，最后通过对抗学习实现阴影检测模型和阴影去除模型的联合训练。然而，该模型对数据集要求较高，需要使用阴影-阴影掩膜-匹配无阴影数据集进行模型训练，但对遥感影像而言，获取匹配无阴影数据的难度较大，极大地限制了该方法在其他不匹配数据集上的应用。此外，该模型由于同时训练两个网络，模型参数较大，拟合难度较高。为了解决现有数据集场景不够丰富的问题，Ding 等[63]提出一种基于注意力机制的循环生成对抗网络来检测和去除图像中的阴影。在该方法的每个步骤中，设计阴影去除编码器，将之前的阴影去除图像与当前检测到的阴影注意图结合得到一个负残差，从而恢复无阴影图像。Lin 等[64]提出背景估计文档阴影去除网络。该网络学习了背景和非背景像素的空间分布信息，将这些信息编码成注意力图，并利用上述估计的全局背景颜色和注意力图来恢复无阴影图像。Zhang 等[65]针对阴影消除问题提出了一种基于背景和亮度感知生成对抗网络框架。该框架以一种由粗到细的方式将一个粗糙的结果细化为最终的阴影去除结果。为了解决缺乏配对数据问题，Hu 等[66]提出了一种利用未配对数据进行阴影去除的方法。该方法的核心思想是在两组没有明确关联的有阴影真实图像和无阴影真实图像中寻找到二者的潜在关系。具体来说，该方法通过输入有阴影图像来生成无阴影图像，并且在无阴影图像上生成相匹配的阴影，通过同时学习产生阴影掩膜和去除阴影，采用循环一致性约束不断训练两类生成器，最后实现基于未配对数据的阴影去除。以上阴影去除方法采用对抗生成网络实现了较好的效果，弱化了数据缺失的问题，提升了模型的鲁棒性。但同时，对抗生成网络结构较为复杂、参数较多，训练过程容易产生梯度消除和梯度崩塌的问题，不易拟合。

1.3 阴影检测与去除的解决思路

相较于自然图像，遥感影像地物复杂多样，难以对阴影区域进行精确检测。因此，遥感影像阴影检测与去除的解决思路，是在去除图像阴影的同时恢复阴影区域的亮度及颜色信息，提高阴影边界区域的图像视觉效果。

1.3.1 遥感影像的阴影检测

在阴影检测中，阴影区域在不同颜色空间呈现特殊的属性。例如，在 HSI 颜色空间中阴影呈现高色调、高饱和度、低亮度的特性。在遥感影像中光照区域内会存在高色调的地物（如草地等）及饱和度偏高的地物（如灰色道路等），会对遥感影像下的阴影检测带来干扰。本书首先结合不同颜色空间阴影特征设计一个阴影检测多通道模型，该通道既可以充分遥感阴影特征，又可以避免部分地物对阴影检测的干扰。其次关注阴影阈值的搜索过程，阴影区域和光照区域可以看成是图像中的两个大类，图像阴影检测问题其实可以看成是一个二分类的问题。本书在图像二值分类的基础上，提出新的阴影阈值搜索方法，该方法可以快速准确地确定阴影阈值。此外，阴影中可能会存在过亮的物体，在检测过程中可能会被误认为是光照区域，因此在初步的阴影检测结果中可能会存在空洞的情况，并且检测后的阴影边界仍需要进一步规范。综上考虑，仍需要对阴影检测结果进行区域优化及边界校正，以进一步获得精确的阴影区域。

目前对于遥感影像阴影检测和去除的研究较少结合深度学习的方法，原因在于遥感影像阴影较为复杂，缺乏规律性。阴影的尺度变化和凌乱分布较为明显，加剧了不同类型阴影的复杂性和多样性，使提取全局分布来检测完整阴影变得困难。此外，对阴影去除任务而言，数据可用性限制及阴影和无阴影区域的巨大差异始终阻碍着深度学习的可转移性，从而阻碍阴影去除的效果。

在现有的深度学习的网络的情况下，为了进一步提高遥感影像阴影检测和去除的效果，本书提出用于遥感影像阴影检测的上下文细节感知网络（context detail aware network，CDANet）。在该网络中，编码器中的特征是由双分支模块生成的，它产生两个输出：一个携带低级局部信息用于解码，另一个用于跳过连接。本书提出的残差膨胀卷积用于对高级语义信息的挖掘，从而提取潜在的全局特征分布和细节。然后，在解码过程中将相邻特征作为辅助信息结合到上下文语义融合连接中，预测显著阴影区域。此外，本书针对前景-背景不均匀的阴影场景，提出一种结合二元交叉熵损失和 Lovasz hinge 损失的混合损失函数，能够有效捕获建筑物的规则阴影和树木的微小阴影。

1.3.2 遥感影像的阴影去除

本书考虑遥感影像的特点，循序渐进地设计了以下三种方法用于阴影去除。

（1）考虑将阴影区域作为一个整体进行处理，保证整体色调一致性。由于阴影的存在，会对阴影内部的地物带来信息衰减，本书设计自适应光照无关特征提取方法，以减弱阴影对地物特征提取的干扰。在分别对阴影区域及光照区域的地块进行细致分割的基础上，对每个不规则图像块构建光学视觉特征矩阵，利用奇异值分解以实现阴影块和相近光照块的快速匹配。在解决阴影块与光照块的相似匹配后，利用整体相似光照区域，恢复真题阴影区域内在正常光照场景下的信息。关于阴影区域的恢复，在图像处理中有很多相关的方法，如直方图均衡、颜色迁移，光照迁移等。本书提出非线性光照迁移算法来去除整体阴影，恢复其正常光照。在后续阴影边界处理上，本书提出基于曼哈顿距离的动态边界补偿方法，以实现阴影区域到周围光照区域的自然过渡。

（2）考虑将阴影区域作为整体进行处理的方法存在阴影内部地物颜色信息丢失、减弱等问题，本书提出一种基于区域分组匹配的自适应色彩转移阴影去除方法。首先，提出基于三维颜色空间不规则区域的色彩转移方法，对阴影区域进行整体的光照恢复，这样能够初步增强阴影区域地物的颜色、纹理等信息。其次，同样利用自适应光照无关特征提取方法，在复杂的遥感场景下提取地物纹理特征。接着，对图像进行分割并在阴影和光照区域进行内部分组，以避免因尺寸过小导致后续匹配异常。最后，提出一种基于平均纹理特征向量的区域匹配方法，实现阴影组与光照组的匹配，并根据匹配结果，应用所提出色彩转移方法对阴影区域进行局部增强。本书所提出的基于区域分组匹配的阴影去除方法顾及图像整体信息并增强局部阴影区域恢复效果，从而保证了最优的视觉效果，并且获得了自然真实的无阴影图像。

（3）针对阴影消除问题，本书同时考虑传统和深度学习方法的优缺点，并受到 GAN 在其他计算机视觉任务中良好表现的启发，开发一个由三个子网络组成的遥感影像阴影渐进去除框架。具体来说，首先设计一个阴影预去除子网络来初始去除阴影，从而为后续的详细去除提供基础。随后，阴影细化子网络进一步通过参考先验的光谱和纹理知识，从真实的无阴影区域和模拟的伪无阴影图像中去除阴影。最后，通过本书提出的局部特征鉴别器，利用特定的无阴影区域更新鉴别器，以更有效地判别生成的无阴影图像的真实性。

本章主要介绍阴影检测与去除的一些基础理论和图像处理方法。首先阐述在高分辨率遥感成像场景下阴影的性质。接着，介绍常用的颜色空间模型及相互关系。最后，详细介绍图像分割、边缘检测、特征值与特征向量、奇异值分解等图像处理相关知识。

2.1　遥感影像阴影性质

2.1.1　阴影的形成

阴影在自然界中广泛存在，当光源被物体部分或完全遮挡时就会暗色区域，即阴影。阴影可以分为自影和投影[67]两类。当物体没有被光源直接照射时，就会产生自影，由光线被物体遮挡而在其他物体上形成的亮度不同的区域称为投影。投影可以进一步分为本影和半影。光线完全被遮挡的区域称为本影，光线只被部分遮挡的区域称为半影，如图 2.1 所示。

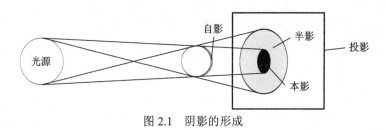

图 2.1　阴影的形成

2.1.2　遥感成像场景下阴影的特性

遥感影像中的阴影是由各种地物遮挡阳光而形成的现象。在遥感成像场景下，太阳可被视作距离地球表面无穷远处的光源，其发出的光照射在地球表面的各种场景中。太阳除了直射光照，还存在一部分非直射光照，即环境光照（在物体和周围环境之间多次反射后，最终达到平衡的一种光照），最终在场景中形成各种各样的阴影。在遥感成像场景下，阴影区域所具有的特效可以总结如下。

（1）较低的亮度（强度）。光照可以分为直射光照和环境光照，阴影是由物体对光源的遮挡而形成的，因此阴影相对于光照区域缺乏直射光照，从而导致亮度会比较暗。

此时，阴影的亮度只受周围环境光照的影响。特别地，对遥感影像而言，光线在传播过程中已经经过较长距离才到达地面，此时的光照强度已经衰减到极低的程度，环境光照处于极度微弱的情况，经过地物的遮挡形成的阴影的亮度是很低的。

（2）高饱和度。受大气散射瑞利效应[68]的影响，阴影区域通常具有更高的饱和度。

（3）亮度分布不均。阴影区域内地物的反射率不同，导致阴影内部存在亮度不均的非均质阴影现象，同时也会有亮度较高的区域，即亮阴影[69]。

（4）颜色恒常性。当物体颜色因为光照条件发生变化时，人类的视觉系统能够自动识别出变化，并不会影响人类对该物体表面颜色的判断。对于同一类物体，当光照在一定条件下变化时，人眼在阴影区域及光照区域观察到的色调是保持不变的，因此很多学者基于阴影区域内的颜色恒常性对阴影去除展开研究。

（5）纹理特征不变。在阴影区域，地物的颜色特征会受到一定程度的损失影响，但是其表面的纹理结构通常不会被改变，即相同地物在不同光照条件下具有相同的纹理特征。

（6）投射方向与光照射方向一致。由于太阳高度角的影响，通常阴影的投射方向与光照射的方向保持一致，该特性可以用来辅助判断建筑物的形状及高度等。

上述对遥感影像阴影的特性分析和总结是进行阴影检测与去除的重要理论依据，本书也将基于上述特性来完成高分辨率遥感影像的阴影检测与去除任务。

2.2　颜色空间模型

众所周知，大脑对事物的颜色感知是一种主观的感觉。为了更理性地描述这种感性体验，学者们引入了颜色空间模型的概念。这些颜色空间模型通过将不同颜色按照不同的比例混合来表示特定的颜色，从而能够以理性的方式表达和传递对色彩的感受。

2.2.1　常用颜色空间模型

尽管存在多种颜色空间模型，但是在实际生活中使用最广泛的一种是 RGB 颜色空间模型。在 RGB 颜色空间模型中，通过以不同比例混合红色、蓝色和绿色来表现各种颜色，这种加法混色的方式使混合过程更加直观和容易理解。RGB 颜色空间具有三个参数：R（红色）、G（绿色）和 B（蓝色），这三个参数的取值范围为 0～255。虽然 RGB 颜色空间适用性非常广泛，但它仍存在一些缺点。例如，RGB 颜色空间模型中的颜色包括亮度和颜色信息，在进行某些图像处理时难以独立地调整亮度和颜色。图 2.2 所示为 RGB 颜色空间模型。

HSV 颜色空间模型由色调（hue）、饱和度（saturation）、明度（value）三个分量组成。其中，饱和度表示颜色的强度，取值范围为 0～1，饱和度为 0 时，颜色变为灰阶，饱和度为 1 时，颜色最鲜艳。色调表示颜色属性，可通过角度来衡量。例如：0 度对应红色，120 度对应绿色，240 度对应蓝色，以此类推。明度表示颜色的亮度，取值范围为

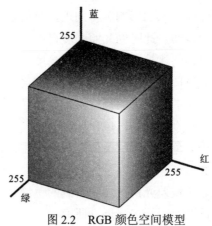

图 2.2　RGB 颜色空间模型

0~1。明度为 0 时，颜色为黑色；明度为 1 时，颜色最亮。图 2.3 所示为 HSV 颜色空间模型。

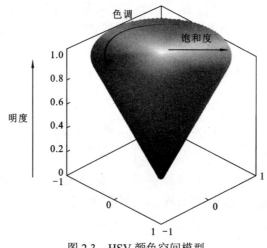

图 2.3　HSV 颜色空间模型

　　LAB 颜色空间模型包含三个坐标轴：L^*（明度/亮度）、a^*（色度/红-绿轴）和 b^*（色度/蓝-黄轴），这三个坐标分别描述颜色的亮度、红-绿对比度和黄-蓝对比度。LAB 颜色空间模型的坐标表示与人眼感知颜色的方式更为一致，因此该模型在颜色对比和变化方面更为均匀。需要注意的是，LAB 颜色空间是一种非线性的颜色空间，其坐标值的范围不固定，这可能会在一些计算和处理任务中引起复杂性。LAB 颜色空间模型如图 2.4 所示。

2.2.2　常用颜色空间模型的转换

　　不同的颜色空间模型有各自的优缺点，通过颜色空间之间的转换可以满足不同场景的应用。例如，RGB 颜色空间模型用于表示彩色图像，HSV 颜色空间模型可提供更直观的颜色描述，有助于进行颜色的直观调整和分析，而 LAB 颜色空间模型是与设备无关

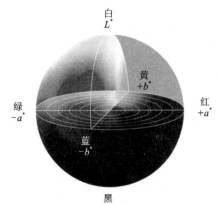

图 2.4　LAB 颜色空间模型

的颜色模型，与人眼的感知更为一致，可使颜色在不同设备上更一致地呈现。此外，在图像处理和计算机视觉中，一些算法可能更适合在特定颜色空间中执行，因此需要进行转换。颜色空间之间的转换关系是一种数学映射，用于在不同的颜色空间模型之间进行相互转换。本小节将详细介绍常用颜色空间之间的转换关系。

　　RGB 颜色空间在进行某些图像处理时难以独立地调整亮度和颜色，因此，常常将 RGB 颜色空间转换到由亮度、饱和度和色调组成的 HSV 颜色空间，方便进行颜色调整。其转换关系可表示如下：

$$R' = R / 255 \tag{2.1}$$

$$G' = G / 255 \tag{2.2}$$

$$B' = B / 255 \tag{2.3}$$

$$V = \max(R', G', B') \tag{2.4}$$

$$S = \begin{cases} 0, & V = 0 \\ \dfrac{V - \min(R', G', B')}{V}, & V \neq 0 \end{cases} \tag{2.5}$$

$$H = \begin{cases} 60\dfrac{(G' - B')}{V - \min(R', G', B')}, & V = R' \\ 120 + 60\dfrac{(B' - R')}{V - \min(R', G', B')}, & V = G' \\ 240 + 60\dfrac{(R' - G')}{V - \min(R', G', B')}, & V = B' \end{cases} \tag{2.6}$$

若计算所得 H 值小于 0，则将该值再加上 360，得到最终的 H 值：

$$H' = H + 360 \tag{2.7}$$

　　由于 LAB 颜色空间的坐标表示与人眼感知颜色的方式更为一致，在某些场景下使用 LAB 颜色空间模型处理更加合适。RGB 颜色空间模型并不能直接转换成 LAB 模型，而是通过 XYZ 模型进行过渡，其转换过程如下。

　　（1）RGB 模型转 XYZ 模型：

$$\begin{cases} R' = \Gamma\left(\dfrac{R}{255}\right) \\[2mm] G' = \Gamma\left(\dfrac{G}{255}\right) \\[2mm] B' = \Gamma\left(\dfrac{B}{255}\right) \end{cases} \tag{2.8}$$

$$\Gamma(x) = \begin{cases} \left(\dfrac{x + 0.055}{1.055}\right)^{2.4}, & x > 0.040\,45 \\[2mm] x / 12.92, & \text{其他} \end{cases} \tag{2.9}$$

$$\begin{bmatrix} X \\ Y \\ Z \end{bmatrix} = \boldsymbol{M} \begin{bmatrix} R' \\ G' \\ B' \end{bmatrix} \tag{2.10}$$

$$\boldsymbol{M} = \begin{bmatrix} 0.4124, & 0.3576, & 0.1805 \\ 0.2126, & 0.7152, & 0.0722 \\ 0.0193, & 0.1192, & 0.9605 \end{bmatrix} \tag{2.11}$$

（2）XYZ 模型转 LAB 模型：

$$L^* = 116 f\left(\frac{Y}{Y_n}\right) - 16 \tag{2.12}$$

$$a^* = 500\left[f\left(\frac{X}{X_n}\right) - f\left(\frac{Y}{Y_n}\right) \right] \tag{2.13}$$

$$b^* = 200\left[f\left(\frac{Y}{Y_n}\right) - f\left(\frac{Z}{Z_n}\right) \right] \tag{2.14}$$

$$f(t) = \begin{cases} t^{\frac{1}{3}}, & t > \left(\dfrac{6}{29}\right)^3 \\[2mm] \dfrac{1}{3}\left(\dfrac{29}{6}\right)^2 t + \dfrac{4}{29}, & \text{其他} \end{cases} \tag{2.15}$$

式中：X_n, Y_n, Z_n 为参考白点的 X，Y，Z 值，通常取 $X_n = 95.047$，$Y_n = 100$，$Z_n = 108.883$。

2.3　图像处理相关理论与算法

2.3.1　均值漂移图像分割算法

均值漂移（mean-shift）算法[70]的思想是，在假定不同类的数据满足不同的概率密度分布的前提下，利用核函数密度估计找到任意样本点的密度增大的最快方向，从而将样本点向局部密度增加的方向移动，直到样本点达到收敛。均值漂移算法主要是利用核函数估计从而计算出均值漂移向量，进而寻找出聚类中心。具体来说，首先是随机选择兴趣区域，然后利用核函数计算出每个点的核函数值，进而加和得到兴趣区域的核密度估计。其次计算均值漂移向量来不断移动区域直至找到新的聚类中心。均值漂移向量是指局部密度增加最快的方向向量，且局部密度增加的最快方向是可以通过核密度的梯度方向来求得。

均值漂移图像分割过程大致来说分为三个步骤：均值漂移滤波、相邻块合并、小块的清除。在均值漂移滤波过程中，对于图像的每个像素，搜索满足给定空间距离 h_s 和颜色距离 h_r 条件下的空间颜色域内的相邻像素。对于这组相邻像素，将在空间颜色域中计算新的空间中心位置和新的颜色分量平均值。这些新值将作为下一次迭代的聚类中心，直到均值漂移向量收敛或者达到最大迭代次数。由于 RGB 三个通道之间相互影响，采用 Luv 特征空间作为图像颜色空间。新的聚类中心 $y'_{i,j}$ 的计算公式如下：

$$y'_{i,j} = \frac{\sum_{k=1}^{N} y_{i,j} \cdot g\left(\left\|\frac{c_k - y_{i,j}}{h}\right\|^2\right)}{\sum_{k=1}^{N} g\left(\left\|\frac{c_k - y_{i,j}}{h}\right\|^2\right)} = \left(\bar{i}, \bar{j}, \overline{L_{i,j}}, \overline{u_{i,j}}, \overline{v_{i,j}}\right) \quad (2.16)$$

$$g(x) = -K'(x) = \frac{1}{2\sqrt{2\pi}} \exp\left(-\frac{1}{2}x\right), \quad x \geq 0 \quad (2.17)$$

$$K(x) = \frac{1}{\sqrt{2\pi}} \exp\left(-\frac{1}{2}x\right), \quad x \geq 0 \quad (2.18)$$

$$h = \{h_s, h_r\} \quad (2.19)$$

式中：$K(x)$ 为正态核函数；$y_{i,j}$ 为图像中结合空间位置与 Luv 色度空间构建的 5 维向量，$y_{i,j} = (i, j, L_{i,j}, u_{i,j}, v_{i,j})$，其中 i, j 为像素 $y_{i,j}$ 的二维坐标；$L_{i,j}, u_{i,j}, v_{i,j}$ 为像素 $y_{i,j}$ 的颜色值；h_s，h_r 为核函数带宽（空间距离阈值与颜色距离阈值），其影响均值漂移滤波分割效果；均值漂移向量收敛阈值 ε 及最大迭代次数，控制着算法的收敛性；c_k 为同时满足空间域 Ω 和颜色域 γ 的集合。

关于空间域 Ω 的确定，将 $y_{i,j}$ 作为初始聚类中心，根据设置的空间距离 h_s 来确定空间域的范围。考虑边界对空间域的影响，对以 $y_{i,j}$ 为中心的空间域范围进行以下定义。Y 轴取值范围为 $[\max(0, i - h_s), \min(height, i + h_s + 1)]$，X 轴取值范围为 $[\max(0, j - h_s), \min(width, j + h_s + 1)]$。

关于颜色域 γ 的确定，在确定 $y_{i,j}$ 的相邻空间域后，需要在空间域 Ω 内确定颜色域 γ 的范围。具体步骤为：遍历空间域 Ω 内的每个像素点 $y_{m,n} \in \Omega$，当相邻像素点 $y_{m,n}$ 到聚类中心 $y_{i,j}$ 的颜色距离小于给定颜色距离 h_r 时，$y_{m,n}$ 即为以 $y_{i,j}$ 为中心的颜色域内的一点。颜色域 γ 的定义为

$$\sqrt{(L_{m,n} - L_{i,j})^2 + (u_{m,n} - u_{i,j})^2 + (v_{m,n} - v_{i,j})^2} < h_r$$
$$m \in [\max(0, j - h_s), \min(width, j + h_s + 1)] \quad (2.20)$$
$$n \in [\max(0, i - h_s), \min(width, i + h_s + 1)]$$

设 N 为空间颜色区域的像素点总数，对于域内的像素 c_k，$k = 1, 2, \cdots, N$，计算新的聚类中心 $y'_{i,j}$。新的聚类中心 $y'_{i,j}$ 空间坐标 $(\bar{i}, \bar{j})$ 的计算公式如下：

$$\overline{i} = \frac{\sum_{k=1}^{N} i \cdot g\left(\left(\frac{i_k - i}{h_s}\right)^2\right)}{\sum_{k=1}^{N} g\left(\left(\frac{i_k - i}{h_s}\right)^2\right)} \tag{2.21}$$

$$\overline{j} = \frac{\sum_{k=1}^{N} j \cdot g\left(\left(\frac{j_k - j}{h_s}\right)^2\right)}{\sum_{k=1}^{N} g\left(\left(\frac{j_k - j}{h_s}\right)^2\right)} \tag{2.22}$$

新的聚类中心 $y'_{i,j}$ 颜色分量的计算公式如下：

$$\overline{L_{i,j}} = \frac{\sum_{k=1}^{N} L_{i,j} \cdot g\left(\left(\frac{L_k - L_{i,j}}{h_r}\right)^2\right)}{\sum_{k=1}^{N} g\left(\left(\frac{L_k - L_{i,j}}{h_r}\right)^2\right)} \tag{2.23}$$

$$\overline{u_{i,j}} = \frac{\sum_{k=1}^{N} u_{i,j} \cdot g\left(\left(\frac{u_k - u_{i,j}}{h_r}\right)^2\right)}{\sum_{k=1}^{N} g\left(\left(\frac{u_k - u_{i,j}}{h_r}\right)^2\right)} \tag{2.24}$$

$$\overline{v_{i,j}} = \frac{\sum_{k=1}^{N} v_{i,j} \cdot g\left(\left(\frac{v_k - v_{i,j}}{h_r}\right)^2\right)}{\sum_{k=1}^{N} g\left(\left(\frac{v_k - v_{i,j}}{h_r}\right)^2\right)} \tag{2.25}$$

在得到新的空间平均值 $\overline{i}, \overline{j}$ 和新的颜色平均值 $\overline{L_{i,j}}, \overline{u_{i,j}}, \overline{v_{i,j}}$ 后，计算新的聚类中心 $y'_{i,j}$ 到初始聚类中心 $y_{i,j}$ 的均值漂移向量 $\boldsymbol{ms}_{\text{shift}}$。当漂移向量的模不满足收敛条件时，这些计算出的 $y'_{i,j}$ 将用作下一次迭代的新中心点。均值漂移向量 $\boldsymbol{ms}_{\text{shift}}$ 及向量模的计算公式如下：

$$\boldsymbol{ms}_{\text{shift}} = y'_{i,j} - y_{i,j} \tag{2.26}$$

$$\|\boldsymbol{ms}_{\text{shift}}\| = \sqrt{(\overline{i} - i)^2 + (\overline{j} - j)^2 + (\overline{L_{i,j}} - L_{i,j})^2 + (\overline{u_{i,j}} - u_{i,j})^2 + (\overline{v_{i,j}} - v_{i,j})^2} \tag{2.27}$$

上述过程将重复进行，直到满足收敛条件（$\|\boldsymbol{ms}_{\text{shift}}\| < \varepsilon$）或者达到最大迭代次数（$\varepsilon = 0$）时，达到绝对收敛，结束移动，此时 $y'_{i,j} = y_{\text{conv}}$。迭代结束时，最终得到的聚类中心 y_{conv} 的颜色分量将分配给该迭代的初始聚类中心 $y_{i,j}$，将颜色分量分配后的 $y_{i,j}$ 记为 $y^*_{i,j}$，即 $y^*_{i,j} = (i, j, L_{i_{\text{conv}}, j_{\text{conv}}}, u_{i_{\text{conv}}, j_{\text{conv}}}, v_{i_{\text{conv}}, j_{\text{conv}}})$。

在对图像进行均值漂移滤波后，进行相邻块合并及小块的清除过程。图像中的每一个像素 $y^*_{i,j}$ 的颜色值即为满足收敛条件的平均颜色值 $L_{i_{\text{conv}}, j_{\text{conv}}}, u_{i_{\text{conv}}, j_{\text{conv}}}, v_{i_{\text{conv}}, j_{\text{conv}}}$。首先对每一个像素点与其相邻点按照颜色距离进行标记归块，其次建立链表来保存现有的块，再根据块中心的平均颜色距离将相邻的、颜色特征相近的块进行合并，最后统计合并后块的面积。对于面积小于设定阈值 M 的块，根据颜色距离合并到离它最近的相邻块中，从而实现小块的消除。

2.3.2 k 均值聚类算法

聚类算法是无监督学习方法中的一种，这类算法通过将数据点分组成具有相似特征的簇，从而揭示数据中的内在结构，通常可用于地物分类、图像分割等领域。

k 均值聚类[71]（k-means clustering）是聚类算法中的经典代表，它是一种基于距离的算法，旨在将数据集中的 N 个样本划分成 k 个独立的簇，其中每个簇中的样本被认为属于同一类别，簇即为聚类的具体表现。简而言之，该算法通过预先设定的 k 值来调整簇的中心，将样本分配到这些中心所代表的簇中，以实现对数据的聚类操作。具体的步骤如下：①初始化聚类中心；②将样本分配给聚类中心；③更新移动聚类中心；④重复步骤②和③。

对于初始化聚类中心，聚类的最终目标是使所有样本点到距离其最近的聚类中心的损失函数（sum of squared errors，SSE）最小。距离计算公式及损失函数 SSE 的定义如下：

$$d(x, C_i) = \sqrt{\sum_{j=1}^{m}(x_j - C_{ij})^2} \tag{2.28}$$

$$SSE = \sum_{i=1}^{k}\sum_{x \in C_i}\left|d(x, C_i)\right|^2 \tag{2.29}$$

式中：x 为样本点；C_i 为第 i 个聚类中心；m 为样本点的维度；x_j 和 C_{ij} 为 x 和 C_i 的第 j 个属性值；k 为聚类中心个数；SSE 表示损失函数值，其值越低表示聚类结果越好，样本点越相似。

图 2.5 展示了聚类过程。其中各分图分别表示：（a）待聚类样本；（b）初始化聚类中心；（c）计算样本到聚类中心的距离，完成一次聚类；（d）根据上一步聚类结果更新聚类中心；（e）对于每个样本再次进行聚类，然后判断聚类结果与上一次是否一

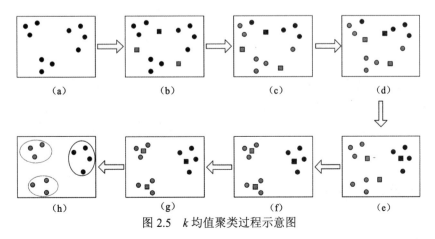

图 2.5　k 均值聚类过程示意图

致，若一致则结束，否则继续聚类；（f）根据上一步聚类结果更新聚类中心；（g）对每个样本再次进行聚类，然后判断聚类结果与上一次是否一致，若一致则结束，否则继续聚类；（h）聚类结束，得到最终聚类结果。

2.3.3 奇异值分解原理

奇异值分解是线性代数和数值计算中一种重要的矩阵分解方法，在信号处理、最优化计算、图像处理中有着广泛的应用。奇异值分解可以降低矩阵计算的时间复杂度，提高计算效率。

矩阵奇异值分解定理 1：设一个非零的 $m \times n$ 实矩阵 A，半正定矩阵 $A^T A$ 的特征值为 $\lambda_1, \lambda_2, \cdots, \lambda_n$，则称特征值的算数平方根为奇异值，记作 $\delta_i = \sqrt{\lambda_i} = \{\delta_1, \delta_2, \cdots, \delta_n\}$。矩阵 A 的全部奇异值组成的集合为 $\delta(A)$：

$$\delta(A) = \{\delta \geq 0; \quad A^T A x = \delta^2 x, \quad x \neq 0\} \tag{2.30}$$

矩阵奇异值分解定理 2：一个非零的 $m \times n$ 实矩阵 A 的奇异值是唯一确定的，并且一定可以表示为三个矩阵乘积形式的运算：

$$A_{m \times n} = U_{m \times m} S_{m \times n} V_{n \times n} \tag{2.31}$$

式中：$U_{m \times m}$ 为 m 阶正交矩阵，$U_{m \times m} = \{u_1, u_2, \cdots, u_m\}$，列向量 $u_1, u_2, \cdots, u_m$ 为 AA^T 的特征向量，称为矩阵 A 的左奇异向量；$V_{n \times n}$ 为 n 阶正交矩阵 $V_{n \times n} = \{v_1, v_2, \cdots, v_n\}$，列向量 $v_1, v_2, \cdots, v_n$ 为 $A^T A$ 的特征向量，称为矩阵 A 的右奇异向量；$S_{m \times n}$ 为一个 $m \times n$ 的对角矩阵，$S_{m \times n} = \begin{pmatrix} S' & 0 \\ 0 & 0 \end{pmatrix}$，并且 $S' = \text{diag}\{\delta_1, \delta_2, \cdots, \delta_r\}$，其中 δ_r 为矩阵 A 的全部非零奇异值，主对角线上的每一个元素称为奇异值，除了主对角线上的元素全为 0。

2.3.4 曼哈顿距离计算方法

曼哈顿距离是由闵可夫斯基提出的一种几何距离，用以表示在标准坐标系下两个点的距离和。曼哈顿距离公式如下：

$$\text{Dist}_m = |x_1 - x_2| + |y_1 - y_2| \tag{2.32}$$

欧氏距离是人们日常运用最多的一种距离计算方法，但在解析几何中，欧氏距离在开平方过程中增加了计算代价，并且往往只能取到近似值，从而带来计算误差。曼哈顿距离的计算公式比常用的欧氏距离的计算要简洁许多，只需要做加减法就可以得到两点之间的距离，减少了计算时间，意义又和欧氏距离类似。此外，曼哈顿距离因为其非负性和同一性，同样满足欧氏距离的性质，因此在计算机图形学及路径规划算法中得到了广泛的应用。

2.3.5 边缘检测算法

边缘检测是一种图像处理技术，用于识别图像中颜色或强度明显变化的地方，即边缘或轮廓，其在图像分割、物体识别、图像增强及计算机视觉等领域发挥着重要作用。边缘检测算法的核心原理在于通过寻找数字图像中的灰度变化位置来识别图像中的边缘。常见的边缘检测算法是基于图像梯度的边缘检测算法，经典的 Canny 算法[72]就是通过计算图像中每个像素点的梯度来突出灰度变化，从而有效地捕捉图像中的边缘特征。

图像中噪声的存在可能会导致边缘检测结果异常，因此通常会使用高斯滤波器对图像进行平滑去噪处理，以减少图像中噪声的影响（因为噪声也属于高频信息，所以对边缘检测影响较大）。高斯滤波公式如下：

$$G(x,y) = \frac{1}{2\pi\sigma^2} e^{-\frac{x^2+y^2}{2\sigma^2}} \tag{2.33}$$

式中：$G(x,y)$ 为高斯核的值；σ 为高斯核的标准差。

在对图像进行平滑处理后，需要对每个像素点进行梯度值和方向的计算。通常采用 Sobel 算子进行水平和垂直方向上的梯度计算，其计算公式如下：

$$G = \sqrt{G_x^2 + G_y^2} \tag{2.34}$$

$$\theta = \arctan\left(\frac{G_y}{G_x}\right) \tag{2.35}$$

式中：G_x 和 G_y 分别为像素点在 x 和 y 方向的梯度值；G 为梯度强度；θ 为梯度方向。

Sobel 算子计算的梯度值相对较大，可能导致图像中存在多个方向的梯度。为了确定每个像素点的主要梯度方向，需要进行非极大值抑制，从而保留局部最大值作为潜在的边缘点。之后再对可能的边缘点进行双阈值处理，减少误判，提高边缘检测准确性。最后对存在的一些弱边缘像素进行连接，将它们与强边缘像素连接起来，形成完整的边缘线。

2.3.6 特征值与特征向量计算方法

在矩阵运算中，特征值与特征向量是矩阵中重要的概念。特征向量是指在矩阵 M 中与特征值对应的列向量 x，特征值是在矩阵 M 与其对应的向量 x 中满足下列条件的 λ 的解：

$$Mx = \lambda x \tag{2.36}$$

式中：λ 为矩阵 M 的特征值；x 为矩阵 M 的特征值 λ 所对应的特征向量。

在数字图像处理领域中，通过对图像进行特征值和特征向量的计算，可以进行深入的图像分析。例如：使用主成分分析（principal component analysis，PCA）方法对图像进行特征变换，选择保留最重要的特征值和特征向量，从而实现图像的降维和压缩；通过对图像的协方差矩阵进行特征值分解，可以获取图像的主要特征方向，从而实现分割和边缘检测；通过特征值与特征向量提取图像特征，用于图像的识别与匹配等。总之，特征值和特征向量在图像处理中的应用涵盖多个方面，从图像分析到图像处理的各个阶段都能够提供有力的工具和方法。

<table>
<tr><td>第 3 章</td><td>**基于多通道特征的自适应
无监督阴影检测方法**</td></tr>
</table>

阴影检测是遥感领域的一个重要研究课题,阴影的存在会导致所在区域真实地物信息的丢失。由于遥感成像场景中地物的复杂性,遥感影像阴影中不同地物的存在同样会对阴影检测带来干扰。本章在遥感成像场景下充分挖掘提取阴影特征,并确定精确识别阴影的阈值,探索基于多通道特征的自适应无监督阴影检测方法。

3.1 基于颜色空间多通道特征设计方案

3.1.1 基于 HIS 颜色空间的检测通道模型

多通道模型的设计既考虑了阴影的属性,也考虑了遥感中的特殊地物对阴影检测的干扰,并反映 HSI 颜色空间中阴影特征。阴影区域是由太阳光被物体遮挡所造成的,因此,阴影具有低强度的特点[73]。此外,受大气瑞利散射造成的蓝色光的影响,阴影区域内的饱和度数值往往比非阴影区域高。Phong 照明模型则表明,阴影区域通常具有较高的色调值。

图 3.1 所示为阴影检测中同一图像在 HSI 颜色空间中多个通道的灰度图。图 3.1(a)和(b)显示了原始图像和人工标记后的阴影区域,图 3.1(c)显示了色调通道的灰度图。如图 3.1(c)所示,通过色调通道无法将高色调区域(草坪、足球场等)与真实阴影区域区分开。这些高色调区域的强度值高于阴影区域,如图 3.1(f)中的强度通道所示。

本小节根据阴影区域高色调低强度的特点,设计一种新的通道,即 H-I 通道。H-I 通道的合理性在于它能够加强色调通道和强度通道的区别,从图像中区分高色调的物体(草坪、足球场等)和阴影区域。通过 H-I 通道的阴影区域的值高于非阴影区域的高色调物体,在图 3.1(d)中显示为白色,易于分离。深色物体(如黑色屋顶或灰色道路)在非阴影区域具有高色调和低强度特征,它们很容易被误认为是通过 H-I 通道的阴影。因此,需要考虑 HSI 颜色空间中的饱和度通道。这些非阴影区域的暗物体(即错误判断的阴影)通常饱和度较低,比真实阴影区域更明亮。对通过 H-I 通道检测到的阴影区域使用低饱和度和高强度约束进一步细化。具体而言,首先通过 H-I 通道获得初始阴影检测结果,其次在饱和度通道和强度通道中处理初始检测到的阴影区域,将不同通道中检测区域的相交区域作为最终阴影区域。通过设计的多检测通道模型,可以实现准确的阴影检测结果,如图 3.1(g)所示。

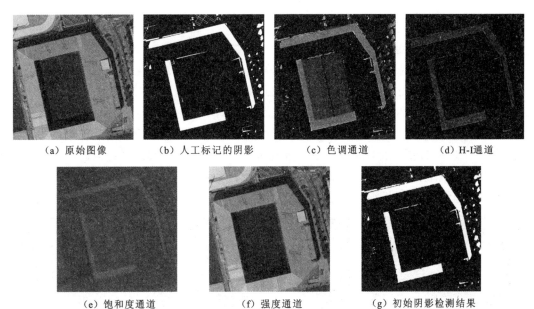

| （a）原始图像 | （b）人工标记的阴影 | （c）色调通道 | （d）H-I通道 |

| （e）饱和度通道 | （f）强度通道 | （g）初始阴影检测结果 |

图 3.1　基于 HSI 空间的检测通道模型设计

3.1.2　基于多颜色空间的检测通道模型

利用阴影在单一颜色空间的特殊属性进行遥感影像中的阴影检测工作，会存在阴影特征提取不完全的问题，遥感影像中的某些特定的地物会对阴影检测带来干扰。例如，由于阴影受环境光照中的蓝紫色光分量的影响，遥感影像中的蓝色地物在饱和度通道上和阴影的特征类似，而对于遥感影像中的绿色地物（如绿地、树木等），其绿色光与蓝色光的差异较小，在色调上的数值过高，这与阴影在色调上很接近，从而会导致阴影错误检测的情况。因此，多个颜色空间中阴影的特征会对阴影检测的精度带来一定的提升。目前，有很多学者对此进行了大量的研究。鲍海英等[74]利用 RGB 颜色空间中的绿色分量与 HSI 颜色空间中的强度通道进行双阈值检测，但是忽略了蓝色通道对阴影检测的影响。焦玮[75]利用 HSV 颜色空间和 RGB 颜色空间特征对遥感阴影进行检测，但是该方法会把绿色地物误认为是阴影区域。岳照溪[76]设计了一种联合 RGB 与 HIS 颜色空间的基于归一化植被指数（normalized difference vegetation index，NDVI）的阴影检测方法，通过多个颜色空间下阴影特征互补来提取阴影区域。Khekade 等[77]混合 RGB 波段信息及 YIQ 颜色模型空间分量实现了阴影检测。

图 3.2 所示为阴影检测中同一图像在多个颜色空间中不同通道的灰度图。图 3.2（a）和（b）显示了原始图像和人工标记后的阴影区域，需要结合不同颜色空间中的阴影特征来判断阴影区域。通过对 Phong 照明模型的分析发现，阴影中的蓝色通道在 RGB 通道中下降最小。因此，对蓝色通道进行归一化操作后可以发现，阴影中的归一化蓝色分量占据了较高的像素值，如图 3.2（c）所示。但是，光照区域中的蓝色物体在归一化的蓝色通道中也有较高的像素值，这在检测中往往会被误认为是阴影。为了避免光照区域中的特定地物对检测的影响，引入 Luv 颜色空间进行特征优化。在 Luv 颜色空间中，L 是

独立于颜色的强度通道，其强度大小不受颜色的影响，而阴影在 Luv 颜色空间中占据较低的强度，强度通道可以有效避免图像中的蓝色物体，如图 3.2（d）所示。

由于光源距离地表过于遥远，在成像过程中，光照条件的变化会使遥感影像的亮度不高，同时，在归一化蓝色分量检测后续仅仅通过亮度通道实现对阴影检测是不够的。为了适应不同光照条件下的遥感影像，增强阴影检测场景的适用性，引用 HSI 颜色空间中的色调与强度通道来扩大特定地物的差异性。阴影在 HSI 色彩空间中呈现高色相、低强度的特征。而 HSI 颜色空间中，H-I 通道的合理性在于它能够加强色调通道和强度通道的区别，从图像[47]中区分高色调物体（如草坪、足球场等）和阴影，如图 3.2（e）所示。通过以上通道的分析得到初始阴影检测结果，如图 3.2（f）所示。

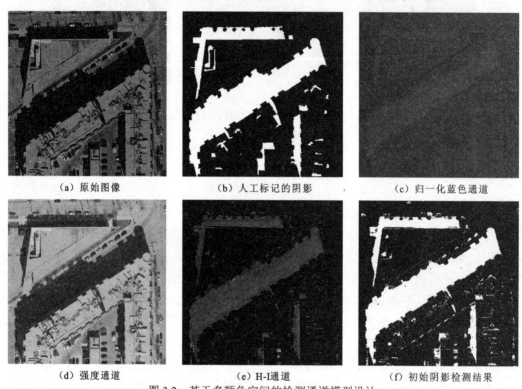

（a）原始图像　　　　　　　　（b）人工标记的阴影　　　　　　　　（c）归一化蓝色通道

（d）强度通道　　　　　　　　　（e）H-I通道　　　　　　　　　（f）初始阴影检测结果

图 3.2　基于多颜色空间的检测通道模型设计

3.2　动态局部自适应粒子群优化算法

3.2.1　动态局部自适应粒子群优化算法原理

在对颜色空间中的阴影特征进行多通道设计以实现对遥感影像中的阴影进行充分提取后，需要考虑实现阴影区域在图像中的完整检测，其主要问题是如何准确地为每个通道选择最优阈值。关于阈值的求取方法，国内外的学者做了大量的研究。阈值求取方法有直方图双峰法[78-79]、大津法[80-81]、最大熵法[82]、区域种子生长法[83]、最大流量 Min-Cut 算法[84]等。靳华中等[85]提出利用迭代法求取阴影阈值，该方法利用前景和背景的灰度均值作为收敛条件，虽然方法简单易懂，但在遥感影像中，图像大部分是光照区域，阴影区域的分布只占图像的一小部分，这可能使分割阈值计算会出现错误。于晓熹[86]采用混合高斯方法来判断像素点是否为阴影，但是该方法算法复杂度高，利用高斯模型求解的阈值精度会存在一定误差。而最为有效、使用范围最广的方法是大津法，该方法利用前景和背景的类间方差作为判断依据，当类间方差最大时，前景和背景的差异性最大，分割效果最好。但是对于遥感影像，该方法需要逐像素分割阈值，进而统计图像的每一个点的类间方差，最后选择类间方差最大时对应的阈值。在面对大幅图像时，该方法计算时间过长，从而影响阴影检测的计算效率。

优化问题，是指在满足一定规则的前提下，基于某种标准，在众多可行方案中选择最佳方案，以实现整个系统的多个或者某个功能指标达到最优的问题。在图像处理、自动控制、信号处理等众多领域存在复杂的优化问题。优化方法是在数学最优化理论的基础上，构建成在一定约束条件下能够在众多可行解中取得最优解的计算方法模型，以实现满足模型的某种最优性质。牛顿法、梯度下降法、共轭法等传统的优化方法在面对大型工程问题上，无法短时间搜索到最优可行解，在搜索过程中容易产生组合爆炸问题。智能优化算法的提出旨在解决实际工程中复杂的、难以建模的、约束性的问题，寻求精度及计算效率的提升。粒子群优化算法作为一种经典的智能优化算法，具有简单、参数少、收敛速度快等优点，其基本原理是在满足一定规则的条件下，通过粒子的位置上的移动和迭代从而找到满足模型可行域的最优解。粒子群优化算法广泛应用于图像配准[87]和图像分类[88]等诸多领域。

阴影检测本身是一个像素级的图像二值分类任务，而传统优化方法在图像二值分类的过程中，分类阈值的判断往往需要对整个搜索空间进行遍历，无法在短时间内完成搜索过程。在粒子群优化算法中，需要根据问题约束，设置一个优化函数来判断粒子运动前后的适应度，从而判断是否达到模型的最优解。在适应度函数的约束下，通过粒子的运动，从而可以找到粒子在迭代期间的个体最优值和全局最优值。最终通过粒子的运动和位置更新，从而在一定约束条件下，在可行域中寻找到最优解。粒子群优化算法的优势在于，通过设置空间中粒子的数量，使每个粒子在空间中向各自方向上进行搜索，从而加快最优值的搜索过程。在阴影检测中，一个主要问题是如何自适应且准确地为每个通道选择最优阈值。本节在经典粒子群算法的基础上，提出一种新的动态局部自适应粒子群优化（dynamic local adaptive particle swarm optimization，DLA-PSO）算法，以快速精确地定位阴影阈值。

3.2.2 动态局部自适应粒子群优化算法实现

阴影检测实际上是将图像分为阴影和光照两类区域的过程。判断图像二值分类的标准有很多，如最大熵值、均值、标准差等。类间方差公式是根据图像的灰度特征将图像分为前景和背景的方法，计算过程中不受图像的亮度和对比度的影响。本小节将前景和背景的类间方差作为粒子群优化算法的适应度函数，每个通道的阈值使用类间方差公式作为评价标准，类间方差越大，错分类概率越小。给定大小为 $Q = \{X_1, X_2, \cdots, X_n\}$ 的粒子群，将每个粒子的速度随机设为 $V = \{v_1, v_2, \cdots, v_n\}$。通过最大化类间方差可以得到阴影检测的最佳阈值，其计算公式为

$$g = w_0(\mu_0 - \mu)^2 + w_1(\mu_1 - \mu)^2 \tag{3.1}$$

式中：g 为类间方差；w_0 为阴影像素占整个图像的比例；w_1 为非阴影像素占整个图像的比例；μ_0 为阴影图像中的平均灰度值；μ_1 为非阴影图像中的平均灰度值；μ 为整个图像的平均灰度值，$\mu = w_0\mu_0 + w_1\mu_1$。因此，可得到类间方差的简化公式为

$$g = w_0 w_1 (\mu_0 - \mu_1)^2 \tag{3.2}$$

在经典粒子群优化算法中，粒子的位置主要在粒子历史速度、当前个体最优值、当前全局最优值三个因素的影响下进行移动。该方法往往会存在如下问题。①粒子历史速度是在固定值权重的作用下影响粒子速度，这种设计在迭代过程中会出现一定缺陷：若粒子历史速度过小，会导致局部最优的情况；若粒子历史速度过大，会导致粒子因运动范围过大，出现难以收敛的情况。②当前个体最优值和当前全局最优值两个信息对当前粒子的位置的影响，使粒子在局部搜索和全局搜索处于一种平衡状态，对粒子避免过早陷入局部最优、提升收敛速度有重要的效果，但只考虑这两种信息来保持搜索过程处于平衡状态会付出时间代价。

为了解决经典粒子群优化算法的局部最优问题，本小节对粒子群优化算法进行改进，提出动态局部自适应粒子群优化（DLA-PSO）算法。该算法从以下两点对粒子群算法进行改进：①引入动态惯性权重来调节算法在迭代过程中粒子的运动；②在粒子个体最优值和全局最优值的基础上，加入邻域粒子的信息来调节粒子在局部范围的搜索能力，在迭代过程中通过全局最优化与局部最优化过程的相互作用，实现最佳阴影阈值的计算。

在第 k 次迭代中，经典粒子群优化算法根据粒子 i 的速度更新公式和位置更新公式对粒子的速度和位置进行更新，可表示为

$$v_i^k = w v_i^{k-1} + c_1 r_1 (P_{\text{best}_i} - X_i^{k-1}) + c_2 r_2 (G_{\text{best}^{k-1}} - X_i^{k-1}) \tag{3.3}$$

$$X_i^k = X_i^{k-1} + v_i^{k-1} \tag{3.4}$$

式中：c_1 和 c_2 为学习因子，通常设为 2。r_1 和 r_2 为取值为 0～1 的随机因子，用于增强粒子群优化算法的性能；w 为惯性权重，决定先验知识对当前速度的影响，影响算法的收敛速度。当 w 太小时，意味着历史速度对当前速度的影响太小，粒子在局部范围内运动，导致出现局部最优解。但如果 w 太大，则说明历史速度影响较大，导致后期粒子运动范围较大，从而出现不收敛的情况。在初始阶段应指定较大的 w，以便粒子能尽快找到最优值域。为了避免出现局部优化的情况，在后期应指定较小的 w，以保持稳定的搜索速度，在最优值域内准确搜索到最优阈值。这一过程是为了平衡全局搜索速度和局部优化效果。为此，引入动态惯性权重，其计算方法为

$$w = w_{\max} - \frac{(w_{\max} - w_{\min})k}{\text{Max}_{\text{iteration}}} \tag{3.5}$$

式中：动态惯性权重 w 随迭代次数 k、迭代总次数 $\text{Max}_{\text{iteration}}$、最大权重 $w_{\max}$ 和最小权重 $w_{\min}$ 的变化而变化。本小节将 $w_{\max}$ 设置为 0.95，$w_{\min}$ 设置为 0.4。

通过式（3.3）可以发现，经典粒子群优化算法通过个体最优位置 P_{best_i} 和全局最优位

置 $G_{\text{best}^{k-1}}$ 来调整粒子速度。当 $G_{\text{best}^{k-1}} - X_i^{k-1}$ 值过大时，粒子在早期收敛速度较快，导致局部最优。但是，当 $P_{\text{best}_i} - X_i^{k-1}$ 值过大时，在全局信息缺乏的约束下，在搜索后期会出现不收敛的情况。为了缓解该矛盾，加入邻域粒子的信息来增强粒子在局部范围的搜索能力，结合当前迭代和最大迭代设计 β 值。因此，结合全局粒子群优化算法和局部粒子群优化算法，重新定义速度更新公式：

$$v_i^{k-1} = (1 - \beta) \cdot \text{GlobalPSO}_i + \beta \cdot \text{LocalPSO}_i \tag{3.6}$$

$$\text{GlobalPSO}_i = wv_i^{k-1} + c_1 r_1 (P_{\text{best}_i} - X_i^{k-1}) + c_2 r_2 (G_{\text{best}^{k-1}} - X_i^{k-1}) \tag{3.7}$$

$$\text{LocalPSO}_i = wv_i^{k-1} + c_1 r_1 (P_{\text{best}_i} - X_i^{k-1}) + c_3 r_3 (P_{\text{best}_{i+1}} - X_i^{k-1}) \tag{3.8}$$

$$\beta = \frac{k}{\text{Max}_{\text{iteration}}} \tag{3.9}$$

$$X_i^k = X_i^{k-1} + v_i^{k-1} \tag{3.10}$$

式（3.8）表示基于全局粒子群优化算法的速度更新公式，式（3.9）表示基于局部邻域粒子优化的速度更新公式。将粒子速度更新公式分为 4 个部分：wv_i^{k-1} 为粒子速度在 $k-1$ 演化过程中与动态惯性权重的乘积，将其视为粒子 i 的先验知识部分；$P_{\text{best}_i} - X_i^{k-1}$ 为局部感知部分，是粒子 i 当前位置与其自身个体之间的最优距离，反映粒子 i 自身的自我认知；$G_{\text{best}^{k-1}} - X_i^{k-1}$ 为全局感知部分，是粒子的全局最优位置与当前位置之间的距离，反映粒子 i 的全局认知；$P_{\text{best}_{i+1}} - X_i^{k-1}$ 为邻域感知部分，是邻域粒子与粒子当前位置之间的距离，反映粒子 i 与其同伴之间的通信和信息共享。因此，在迭代开始时，$G_{\text{best}^{k-1}}$ 更适合搜索最优阈值的近似范围，同时，附近粒子的存在也可以限制速度过快引起的局部最优问题。在后期搜索过程中，更多地考虑相邻粒子和当前粒子的影响，从而在前期确定的大致范围内准确找到最优阈值，避免不收敛的问题。表 3.1 所示为动态局部自适应粒子群优化算法伪代码。

表 3.1　动态局部自适应粒子群优化算法伪代码

算法：动态局部自适应粒子群优化算法
输入：检测通道模型(H-I, I, S)；粒子个数 n，最大迭代次数 $\text{Max}_{\text{iteration}}$； 输出：最优分割阈值 G_{best}

1.　初始化：初始化模型参数，学习因子 $c_1 = 2$，$c_2 = 2$，最大权重 $w_{\text{max}} = 0.95$，最小权重 $w_{\text{end}} = 0.4$；随机因子 r_1, $r_2 = \text{rand}()$；初始速度 $v_0 = 2$；

2.　**while**($k < \text{Max}_{\text{iteration}}$), **do**;

3.　根据适应度函数来判断粒子运动前后的类间方差；

4.　$P_{\text{best}_i^k} = w_0 w_1 (\mu_0 - \mu_1)^2$；

5.　设置第 k 次迭代时个体最优粒子和全局最优粒子值；

6.　$P_{\text{best}^k} = \{P_{\text{best}_1^k}, P_{\text{best}_2^k}, \cdots, P_{\text{best}_n^k}\}$；

7.　$G_{\text{best}^k} = \max(P_{\text{best}^k})$；

8.　**for** $i = 1$ to n, **do**;

9.　**if**($g(P_{\text{best}_i^k}) > g(P_{\text{best}_i})$), **then**;

10.　$P_{\text{best}_i} = P_{\text{best}_i^k}$；

11. **if**($g(G_{best^k}) > g(G_{best})$), **then**;

12. $G_{best} = G_{best^k}$;

13. Update X_i^k and $v_{DLA-PSO}^{k-1}$;

14. $v_{DLA-PSO}^{k-1} = (1-\beta) \cdot GlobalPSO_i + \beta \cdot LocalPSO_i$;

15. $X_i^k = X_i^{k-1} + v_{DLA-PSO}^{k-1}$;

16. $k \leftarrow k+1$;

17. **return** G_{best}

3.3 自适应蛇群智能优化算法

3.3.1 自适应蛇群智能优化算法原理

群体智能优化算法作为建立在生物智能或自然现象的一种智能计算方法，已经引起了各个领域研究者的兴趣。群体智能优化算法由于其较强的鲁棒性与稳定性，在解决复杂系统问题有着独特的优势，在优化领域上也能直观地反映出群体方法基础理论的特性。与个体的智能行为相比，基于大量简单个体构建的群体智能系统并没有复杂精细的内部设计，但是可以利用群体中个体之间的信息交互与合作实现寻优过程。

群体智能优化算法的引入优化了阴影检测系统的计算过程，在保证检测精度的基础上加速了算法的计算效率。基于仿生学的群体智能优化算法源于对自然界群居生物觅食、繁殖、进化等行为的模拟，是一种建立在生物智能上的随机搜索算法，其主要思想是把搜索与寻优的过程模拟为群体生物之间的进化、竞争等行为。在群体智能优化理论中，将搜索空间内的点视为生物个体，将代数问题的目标函数视为个体对环境的适应能力，而将问题求解中的迭代优化过程视为群体中个体之间通过繁殖、进化、竞争行为实现优胜劣汰的过程，最终通过对群体内生物个体间的反复进化与筛选来实现整个群体的结构最优。因此，群体智能优化算法在数学理论上是一种概率并行搜索算法，能更快捷有效地寻找到复杂优化问题的全局最优解。

本节在群体智能优化算法理论的基础上，提出一种自适应蛇群智能优化阴影检测（adaptive snake swarm optimization for shadow detection，ASOSD）算法，利用蛇群的觅食和交配行为，自适应地搜索出遥感影像空间中的阴影最优阈值，实现对图像内阴影区域精确检测过程。ASOSD 算法的灵感来自蛇的猎食和战斗行为。研究发现，温度会影响蛇的行为：在温度较高的情况下，蛇会进行觅食行为，其移动只会受食物位置的影响；但是如果温度较低，雌蛇与雄蛇之间会发生交配行为。这种群体分阶段特征行为会在不断进化过程中实现群体的最优，可以简单高效地解决全局优化问题。本节提出的 ASOSD 算法将搜索空间内的随机分布阴影阈值点视为蛇群内不同个体当前所在的位置，并将蛇群分为雌蛇和雄蛇两类，模拟蛇群在温度影响下行为发生变化的过程，在寻优过程中设置行为控制函数来调节全局搜索与局部搜索之间的平衡，应用于阴影检测的阈值寻优过程。

3.3.2　自适应蛇群智能优化算法实现

蛇群智能优化算法和其他群体智能优化算法一样，设计一个由全局范围到局部范围寻优的路径。在寻优过程初期，算法设计上应保证个体在不断进化过程中，在搜索空间内能确定最优值所在的大致范围，避免个体因搜索范围较小而陷入局部最优。在寻优过程末期，在算法设计上，应保证个体在后期进化过程中，在之前确定的大致范围内进行小范围搜索，从而精确找到最优值，避免由个体位移过大导致的不收敛问题。因此，本小节将蛇群寻优过程设计为一个从全局空间粗范围搜索到局部范围精细搜索最优阴影阈值的路径。基于上述算法思想，寻优过程中行为控制函数的定义就显得尤为重要。

对于行为控制函数的定义，遵循全局粗搜索到局部细搜索的思路，控制函数的设计应该是一个从高到低缓慢下降的过程。这种设计保证在搜索开始时温度较高，意味着控制值处于较高的数值，高温环境使蛇群保持在觅食状态，集中精力在全局空间中（最优值所在范围）的搜索食物。当温度下降到一定程度，控制值处于较低的数值，低温环境使雄蛇和雌蛇进入交配状态，可以通过相互之间的信息交流与协作更新各自群体的最优值，最终得到食物的精确位置，即为全局最优解。蛇群寻优过程中行为控制函数定义如下：

$$\text{Control} = T_{\text{start}} - (T_{\text{start}} - T_{\text{end}}) \cdot \left(\frac{t}{\text{Max}_{\text{iteration}}} \right)^2 \tag{3.11}$$

式中：控制值 Control 随迭代次数 t、迭代总次数 $\text{Max}_{\text{iteration}}$、起始温度 T_{start} 和结束温度 T_{end} 的变化而变化。关于行为控制函数的参数设置，本小节参考文献[89]，将决定蛇处于觅食状态还是交配状态的临界值应设为 0.6，将人为设置最大迭代次数对寻优过程的影响降为最低，保证在算法迭代中有一半的进化过程在进行全局搜索，一半过程处于局部搜索，以充分实现蛇群在各个状态的寻优过程。本小节将开始时的温度 T_{start} 设为 0.75，算法结束时的温度 T_{end} 设为 0.15，蛇在进化过程中会从觅食状态转变为交配状态。

蛇群寻优过程中，需要有一个目标函数来衡量蛇群在不同行为下对食物的搜索能力，以反映个体对环境的适应能力。蛇群寻优过程其实是在确定最佳阴影阈值的过程，对阴影检测分类效果的评价，类间方差是一个极佳的判断标准。因为阴影检测本身就是一个像素级图像的二值分类任务，而类间方差是一种根据图像的灰度特征将图像分为前景和背景的方法，类间方差越大，误分类概率越小。因此本小节选择类间方差作为评价蛇群自适应寻优能力的评价函数。评价函数的定义可以表示为

$$F = w_0 \cdot w_1 \cdot (\mu_0 - \mu_1)^2$$

式中：F 为类间方差；w_0 为阴影像素在整体图像中的占比；w_1 为非阴影像素在整体图像中的占比；μ_0 为阴影图像中的平均灰度值；μ_1 为非阴影图像中的平均灰度值。

在确定蛇群自适应优化过程中的行为控制函数及评价函数后，对蛇群的寻优过程进行阐述。首先定义蛇群的总数为 $2N$，将蛇群平均分为雄性 $X_{\text{m}} = \{X_{1,\text{m}}, X_{2,\text{m}}, \cdots, X_{N,\text{m}}\}$ 与雌性 $X_{\text{f}} = \{X_{1,\text{f}}, X_{2,\text{f}}, \cdots, X_{N,\text{f}}\}$ 两类群体。在搜索开始阶段，控制函数保持在较高的值，搜索过程进入觅食阶段，在 $t+1$ 次迭代中，蛇群的位置更新公式为

$$X_{i,\mathrm{m}}(t+1) = G_{\mathrm{best}}(t) \pm c_1 \cdot \mathrm{Control} \cdot (G_{\mathrm{best}}(t) - X_{i,\mathrm{m}}(t)) \qquad (3.12)$$

$$X_{i,\mathrm{f}}(t+1) = G_{\mathrm{best}}(t) \pm c_1 \cdot \mathrm{Control} \cdot (G_{\mathrm{best}}(t) - X_{i,\mathrm{f}}(t)) \qquad (3.13)$$

$$G_{\mathrm{best}}(t+1) = \begin{cases} X_{i,\mathrm{m}}(t+1), & F_{\mathrm{m}}^{t+1} \geqslant F_{\mathrm{f}}^{t+1} \\ X_{i,\mathrm{f}}(t+1), & F_{\mathrm{m}}^{t+1} < F_{\mathrm{f}}^{t+1} \end{cases} \qquad (3.14)$$

式中：$G_{\mathrm{best}}(t)$ 为在 t 次迭代中的全局最优值；c_1 为[-1,1]的随机函数；$X_{i,\mathrm{m}}(t)$ 和 $X_{i,\mathrm{f}}(t)$ 为雄蛇和雌蛇在 t 次迭代下的位置。通过比较各自位置上对应的评价函数值，从而得到在 $t+1$ 次迭代下的最优位置，即为第 $t+1$ 次迭代下蛇群的最优位置 $G_{\mathrm{best}}(t+1)$。

随着控制函数值的下降，当 Control 小于 0.6 时，蛇群进入交配状态。在交配状态中，雄蛇和雌蛇在 $t+1$ 次迭代中的位置更新公式分别为

$$X_{i,\mathrm{m}}(t+1) = X_{i,\mathrm{m}}(t) + c_2 \cdot \mathrm{Fight}_{\mathrm{m}} \cdot \mathrm{rand} \cdot (X_{\mathrm{best,f}} - X_{i,\mathrm{m}}(t)) \qquad (3.15)$$

$$X_{i,\mathrm{f}}(t+1) = X_{i,\mathrm{f}}(t) + c_2 \cdot \mathrm{Fight}_{\mathrm{f}} \cdot \mathrm{rand} \cdot (X_{\mathrm{best,m}} - X_{i,\mathrm{f}}(t)) \qquad (3.16)$$

$$\mathrm{Fight}_{\mathrm{m}} = \exp\left(\frac{-F_{\mathrm{best,f}}}{F_{i,\mathrm{m}}}\right) \qquad (3.17)$$

$$\mathrm{Fight}_{\mathrm{f}} = \exp\left(\frac{-F_{\mathrm{best,m}}}{F_{i,\mathrm{f}}}\right) \qquad (3.18)$$

$$G_{\mathrm{best}}(t+1) = \begin{cases} X_{i,\mathrm{m}}(t+1), & F_{\mathrm{m}}^{t+1} \geqslant F_{\mathrm{f}}^{t+1} \\ X_{i,\mathrm{f}}(t+1), & F_{\mathrm{m}}^{t+1} < F_{\mathrm{f}}^{t+1} \end{cases} \qquad (3.19)$$

式中：$X_{i,\mathrm{m}}(t)$ 和 $X_{i,\mathrm{f}}(t)$ 为雄蛇和雌蛇在 t 次迭代下的位置；$\mathrm{Fight}_{\mathrm{m}}$ 和 $\mathrm{Fight}_{\mathrm{f}}$ 分别为雄蛇和雌蛇的格斗系数；$F_{i,\mathrm{m}}$，$F_{i,\mathrm{f}}$ 为当前迭代次数下雄蛇和雌蛇各自的个体评价值；$F_{\mathrm{best,m}}$ 和 $F_{\mathrm{best,f}}$ 为雄蛇和雌蛇在各自群体中的最优评价值；c_2 是一个固定值，一般设置为 2；$X_{\mathrm{best,m}}$ 和 $X_{\mathrm{best,f}}$ 分别为雄蛇和雌蛇的群体最优位置。

通过比较各自位置上对应的评价函数值，得到在 $t+1$ 次迭代下的最优位置，即第 $t+1$ 次迭代下蛇群的最优位置 $G_{\mathrm{best}}(t+1)$。在蛇群经历觅食和交配两个过程后，算法结束时，最终得到的蛇群最优位置 G_{best} 即为最优阴影阈值。

通过模拟雄蛇和雌蛇觅食、交配行为，蛇群智能优化算法拥有概率并行搜索的能力，能够根据不同遥感影像场景自适应地计算阴影阈值。同时，该算法实现了不同种类蛇群之间的信息交流，从而能够在最优值所处的大致范围内快速准确寻找到最优解。表 3.2 所示为自适应蛇群智能优化阴影检测算法的伪代码。

表 3.2　自适应蛇群智能优化阴影检测算法伪代码

算法：自适应蛇群智能优化阴影检测算法
输入：最大迭代次数 $\mathrm{Max_{iteration}}$；当前迭代次数 $\mathrm{current_{iteration}}$；种群大小 $2N$； 输出：最优阴影阈值 G_{best}
1　**Initialization** the population randomly;
2.　Divide population $2N$ to 2 groups N_{m}，N_{f}，
3.　$N_{\mathrm{m}} = N_{\mathrm{f}} \approx N$；

4. **while**$(t < \text{Max}_{\text{iteration}})$, **do**;

5. Evaluate each group N_{m} and N_{f};

6. Find $F_{\text{best,m}}$, $F_{\text{best,f}}$ and G_{best} according to the fitness function;

7. Define Temperature function Temp;

8. **If** (Temp > 0.5) **then**;

9. $X_{i,j}(t+1) = G_{\text{best}}(t) \pm c_3 \cdot \text{Temp} \cdot \text{rand} \cdot (G_{\text{best}}(t) - X_{i,j}(t)), \quad j = \{\text{m,f}\}$

10. $G_{\text{best}}(t+1) = \begin{cases} X_{i,\text{m}}(t+1), & F_{\text{m}}^{t+1} \geqslant F_{\text{f}}^{t+1} \\ X_{i,\text{f}}(t+1), & F_{\text{m}}^{t+1} < F_{\text{f}}^{t+1} \end{cases}$

11. **else if** (Temp < 0.5) **then**;

12. $X_{i,\text{m}}(t+1) = X_{i,\text{m}}(t) + c_1 \cdot \text{Fight}_{\text{m}} \cdot \text{rand} \cdot (X_{\text{best,f}} - X_{i,\text{m}}(t))$

13. $X_{i,\text{f}}(t+1) = X_{i,\text{f}}(t) + c_1 \cdot \text{Fight}_{\text{f}} \cdot \text{rand} \cdot (X_{\text{best,m}} - X_{i,\text{f}}(t))$

14. $\text{Fight}_{\text{m}} = \exp\left(\dfrac{-F_{\text{best,f}}}{F_{i,\text{m}}}\right)$

15. $\text{Fight}_{\text{f}} = \exp\left(\dfrac{-F_{\text{best,m}}}{F_{i,\text{f}}}\right)$

16. $G_{\text{best}}(t+1) = \begin{cases} X_{i,\text{m}}(t+1), & F_{\text{m}}^{t+1} \geqslant F_{\text{f}}^{t+1} \\ X_{i,\text{f}}(t+1), & F_{\text{m}}^{t+1} < F_{\text{f}}^{t+1} \end{cases}$

17. **end if**

18. $t \leftarrow t+1$;

19. **Return** G_{best}

3.4　阴影区域初始检测结果的优化处理

基于所设计的空间通道组合，利用所提出的 DLA-PSO 算法可以得到各个通道的最佳分割阈值，从而得到阴影检测的初始结果。然而，考虑遥感影像成像场景中的地物复杂性，在阴影检测过程中仍可能会存在误检测的，需要对初始阴影检测结果进行后续优化，以获得更为精确的结果。

3.4.1　小连通区剔除

非阴影区域中存在的高饱和度、低亮度地物，如黑色车辆，往往由于与阴影特征相似而被误检为阴影。这类地物往往分布较为分散，即便被误检为阴影也通常是形成一小片连通区，而不会与大区域阴影像相连。因此，本小节基于初始阴影检测结果，对提取出的阴影进行八连通区计算，得到每个连通区的面积，然后剔除小连通区，从而修正这部分误检结果。

连通区是指图像中具有相同像素值且位置相邻的像素点组成的区域。在二维图像中，一个像素点与其周围 8 个相邻像素（上、下、左、右及 4 个对角线方向）相连形成的区域，称为八连通区。八连通区的定义考虑了更广泛的连接性，在处理图像时，可以更全面地考虑像素点之间的关系。与之相对应的是四连通区，只考虑像素点的上、下、左、右 4 个方向的相邻关系，而不考虑对角线方向。

对初步阴影检测结果进行八连通区计算，并统计每个连通区面积用于判断是否剔除。具体来说，逐行扫描图像，标记阴影像素点，对每个像素进行八连通区域标记。比较每个像素与其 8 个方向相邻像素，按规则重新标记，生成等价标记表，合并具有等价关系但标记值不同的区域，最终得到准确的连通区域。

统计完各连通区的面积后，需要考虑实际情况给出一个阈值，将面积小于该阈值的连通区剔除。一般来说，高分辨率的遥感影像数据的分辨率可到达 0.5 m 左右，即影像中每一个像素的实际大小约为 0.25 m²。而在现实生活中，一般的树冠直径可达 5 m 左右，则面积约为 25 m²，因此在 0.5 m 分辨率的影像中大约占 100 个像素。而对小型汽车而言，面积大约为 10 m²，占 40 个像素左右。因此，可将阈值设置为 120，即将面积小于 120 m² 的连通区进行剔除优化。

3.4.2　空洞区域填补

阴影区域中具有较高亮度的物体可能存在漏检的情况，典型的如阴影区域中的白色车辆、标志牌等，可能因亮度偏高等原因而被漏检，导致检测出来的初始结果中阴影区域可能会存在小的空洞。对于这种情况，可利用数学形态学中的闭合操作进行处理。

数学形态学在数字图像处理领域应用非常广泛，其中，闭合操作是通过对图像先进行膨胀操作，然后进行腐蚀操作的组合来实现的，主要用于消除图像中的小孔洞、连接断裂的边缘及平滑图像的轮廓。其数学形式可表示如下：

$$X \oplus Y = \{\sigma \,|\, (Y)_{\sigma} \bigcap X \neq \Theta\} \tag{3.20}$$

$$X \ominus Y = \{\sigma \,|\, (Y)_{\sigma} \subseteq X\} \tag{3.21}$$

$$X \circ Y = (X \oplus Y) \ominus Y \tag{3.22}$$

式中：$\oplus$ 表示膨胀操作；$\ominus$ 表示腐蚀操作；$\circ$ 表示闭运算。膨胀扩大目标集 X 的边界，腐蚀缩小目标集 X 的边界。根据定义，闭合操作可以在保持物体形状和位置不变的情况下填充小孔，消除小而窄的裂缝和空洞。因此，采用闭合操作，可消除检测阴影中由阴影区域内明亮小物体造成的小孔，如图 3.3（e）所示。

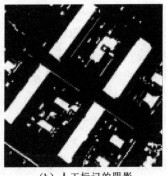

（a）原始图像　　　　　　　（b）人工标记的阴影　　　　　　（c）初始阴影检测结果

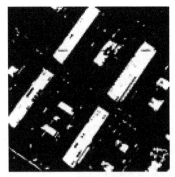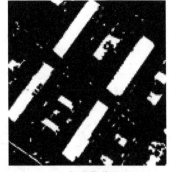

（d）小区域去除　　　　　　　　（e）闭合操作处理

图 3.3　基于闭合操作的区域优化处理

3.5　阴影区域边界校正

本节在阴影区域优化处理基础之上，增加边界校正过程。由于阴影区域缺少太阳直射光线，相较于光照区域的地物，遥感影像阴影区域地物的有效信息存在不同程度的衰减，体现在图像上较为直观的是阴影区域内的亮度比光照区域亮度低，在阴影边缘处，亮度是急剧下降的。阴影检测其实就是将光照区域与阴影分离的过程，因此可以把阴影检测视为是分类任务，而异常点的存在很容易被误认为是阴影。例如，阴影边界处的像素处于光照区域与阴影区域的过渡区，这会造成像素级的阴影检测方法在判断边界像素点时会出现差异，从而导致阴影边界变得模糊且不规则。因此，如何约束阴影边界，从而进一步提升阴影检测的性能是本节需要考虑的重要内容。

均值漂移算法是根据地物在几何空间和 Luv 颜色空间的特征，自适应地对图像进行分块聚类，并且不需要预先设置聚类的数量[90]。本节采取均值漂移算法对图像进行分割。具体公式如下：

$$y'_{i,j} = \frac{\sum_{k=1}^{N} \boldsymbol{y}_{i,j} \cdot G\left(\left\|\frac{\Omega_k - \boldsymbol{y}_{i,j}}{h}\right\|^2\right)}{\sum_{k=1}^{N} G\left(\left\|\frac{\Omega_k - \boldsymbol{y}_{i,j}}{h}\right\|^2\right)}, \quad h = \{h_s, h_c\} \tag{3.23}$$

$$\|\boldsymbol{ms}_{\text{shift}}\| = \|\boldsymbol{y}'_{i,j} - \boldsymbol{y}_{i,j}\| \tag{3.24}$$

式中：$\boldsymbol{y}'_{i,j}$ 为计算后新的聚类中心，$\boldsymbol{y}_{i,j}$ 为初始聚类中心，它们都是一个包含空间位置和颜色属性的五维向量；G 为核函数；Ω_k 为满足空间阈值和颜色阈值的点集合，总数为 N；h 为空间阈值 h_s 颜色阈值 h_c 的集合；$\boldsymbol{ms}_{\text{shift}}$ 为均值漂移向量，满足收敛条件 $\|\boldsymbol{ms}_{\text{shift}}\| < \varepsilon$ 时结束聚类过程。

由于图像中相同的物体具有相似的颜色和材质，可通过聚类，并根据阈值最终将整个图像划分为不规则的图像块。

图 3.4 所示为利用均值漂移算法进行边界校正的过程，图 3.4（a）和（f）分别为原

始图像和人工标记的阴影，图 3.4（b）为均值漂移算法后的图像分割线，图 3.4（c）为分割线到原始图像的映射。可以清楚地看到，图像中的阴影和阳光分别被划分为几个不规则的块。结合图像映射图[图 3.4（c）]和初始阴影检测结果[图 3.4（d）]，可判断每个分割块是阴影还是阳光照射。通过均值漂移算法可以进一步校正阴影边界，排除异常像素，最终结果如图 3.4（e）所示。

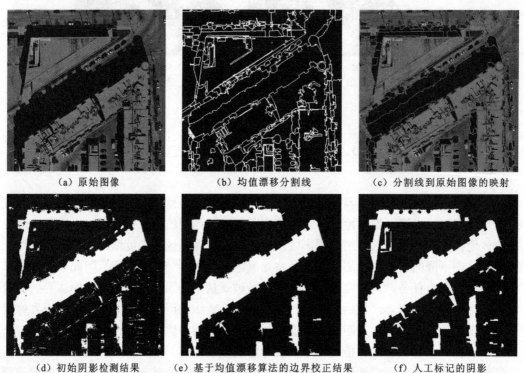

（a）原始图像　　　　　　　（b）均值漂移分割线　　　　（c）分割线到原始图像的映射

（d）初始阴影检测结果　　（e）基于均值漂移算法的边界校正结果　　（f）人工标记的阴影

图 3.4　基于均值漂移算法的边界校正过程

第4章 基于阴影特征的智能迭代阈值搜索阴影检测方法

对高分辨率遥感影像而言，想要获得高质量的无阴影结果影像的首要任务是阴影检测。然而，遥感影像采集过程中很难获取有效的先验知识，同时也很缺乏大量的成对训练数据。因此，这不可避免地影响基于模型和基于深度学习方法的泛化性与应用性。而现有的基于属性特征的方法在阴影检测时阈值搜索方面仍存在许多问题，因此，本章从充分提取遥感场景下阴影特征及高效搜索最佳分割阈值两方面展开研究，并提出一种基于阴影特征的智能迭代阈值搜索阴影检测算法。

4.1 元启发式智能优化算法

元启发式智能优化算法[91]是一类通过模拟自然界的生物行为或物理过程，解决复杂问题、参数调优、寻找最优解等问题的算法，其核心原理包括群体智能、演化、随机性和适应性。首先，该算法建立一个由个体组成的群体，个体之间通过交互和合作来寻找解决问题的最优解。其次，通过模拟生物的进化过程，如自然选择、遗传、突变等，来优化个体的解，进化出更优秀的个体。此外，算法包含一定程度的随机性，以避免陷入局部最优解，增加搜索解空间的广度。最后，通过定义适应度函数来评估每个个体的质量，进而指导个体的选择和进化。

元启发式智能优化算法是概率并行搜索的，每个个体代表一个问题解，群体通过相互作用不断演化。这种并行搜索的方式使算法能够更迅速、有效地找到全局最优解。群体内的个体之间不断进化与筛选，使算法能够更好地适应问题复杂性，提高全局搜索效率。在20世纪后期，遗传算法、粒子群算法及蚁群算法等许多智能优化算法被提出，经过几十年的发展，这些算法及其改进算法的研究和应用已经趋于成熟，被称为经典的智能优化算法[92]。总的来讲，智能优化算法在理论上不依赖于具体问题的形式，因此具有较强的问题领域通用性。在不同场景下引入智能优化算法，能够高效并全局地搜索复杂问题的最优解。本节将元启发式智能优化算法引入遥感影像的阴影检测场景，在保证检测精度的同时提高算法的计算效率。

4.2 特征通道组合设计

遥感影像地物繁多，在阴影检测的过程中可能造成干扰的情况也较多。为了尽可能地提取完整的阴影特征，本节基于多个颜色空间来进行特征通道组合设计，多方面地考虑阴影特征，从而最大限度地避免非阴影区域中地物对阴影检测过程的干扰。

4.2.1　多颜色空间下的阴影特性

在不同的颜色空间中，遥感场景中的阴影通常表现出不同的特性，因此，充分考虑在不同颜色空间下阴影的特征，能够有效地提高阴影检测的精度。

如图4.1（a）所示，在RGB颜色空间中，阴影通常呈现较暗的颜色。因为在直射光被遮挡，而环境光照较弱时，红、绿、蓝三个通道的值会减小。并且由于大气散射瑞利效应的影响，环境光通常表现为蓝紫色，因此在RGB颜色空间中阴影区域的蓝色通道值下降最少，数值相对较高。

（a）RGB颜色空间　　　　　　（b）HSV颜色空间　　　　　　（c）LAB颜色空间

图4.1　多颜色空间下的阴影特性

如图4.1（b）所示，在HSV颜色空间中，阴影通常表现出较高的色调与饱和度。HSV颜色空间由色调、饱和度及明度三个分量组成。其中色调的值仅受绿色光分量和蓝色光分量值的影响，当两者差异过大则色调值偏低，否则色调值偏高。而在遥感场景下阴影区域的蓝绿分量值通常较为接近，这就导致了较高的色调。此外，受瑞利效应的影响，遥感影像中阴影区域的饱和度往往呈现出较高的值。

如图4.1（c）所示，在LAB颜色空间中，阴影通常呈现较低的亮度。这是由于在LAB颜色空间中，L是单独表示亮度的分量，其不受颜色分量的影响，因此对阴影区域来说，其L分量的数值是低于非阴影区域的。

4.2.2　多颜色空间特征通道组合设计

遥感影像中的阴影区域在不同的颜色空间下表现出不同的特性，同时，遥感影像相较于自然影像地物种类繁多且特征复杂，因此，仅在单一颜色空间下来设计阴影检测通道组合难免会受到与阴影区域具有相似特征属性的地物影响，从而对阴影检测任务产生异常干扰。例如，阴影区域在HSV颜色空间中具有更高的饱和度与色调，同样地，水体、暗色道路等地物在HSV颜色空间中也表现出较高的饱和度。因此，仅在HSV颜色空间中水体、暗色道路等容易被误检成阴影。在RGB颜色空间中，阴影区域具备较低的亮度及较高的蓝色分量值，但是，在RGB颜色空间中绿色的植被也容易被误检成阴影。

HSV 颜色空间更贴近人类对颜色的感知方式，它将色彩划分为亮度、色调和饱和度，使颜色的调整更为方便。阴影区域仅受环境光照的影响，具有低明度的特点。受瑞利效应的影响，阴影区域又具有较高的色调。因此在以往的研究中这些特点常被用作阴影检测的重要依据。图 4.2 所示为一幅遥感影像在 HSV 颜色空间下不同的灰度通道图。图 4.2（a）为影像原始图像，图 4.2（b）～（d）分别为色调 H 通道、饱和度 S 通道及明度 V 通道。由图 4.2（b）可以看出，阴影区域色调较高，但是在右上角绿色植被区域也有着较高的色调，无法通过色调 H 通道直接区分出阴影区域和同样具有高色调性质的绿色植被区域。由图 4.2（d）可见，阴影区域虽然具有更低的明度，但是与右上角绿色植被区域明度较为接近，也很难通过明度 V 通道直接区分。

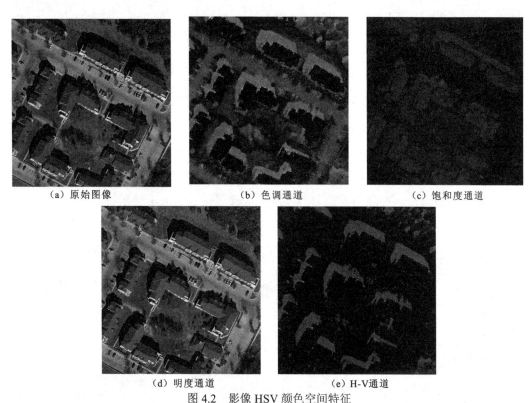

   （a）原始图像   （b）色调通道   （c）饱和度通道

     （d）明度通道   （e）H-V 通道

图 4.2   影像 HSV 颜色空间特征

为了进一步突出显示遥感影像阴影区域高色调低亮度的特性，本小节设计一种新的特征通道，即如图 4.2（e）所示的 H-V 通道。通过 H-V 通道进一步强化阴影区域的高色调低亮度特点，使阴影区域和具有相似特性的非阴影区域区分开来。由图 4.2（e）右上角绿色植被区域可以看到，绿色植被阴影显示为灰白色，而绿色植被自身为黑色，易于区分二者。

考虑遥感影像的地物复杂性，仅仅利用阴影在单一颜色空间中的特殊性质来进行阴影检测，可能会受到与阴影区域具有相似特征属性的地物影响。因此，本小节引入 RGB 颜色空间作为辅助参考。由光照模型可知，阴影区域在不同波段内受到的光照影响并不相同。其中蓝色分量下降最少，绿色分量下降稍多一些，而红色分量下降最多。因此，本书引入 $M = B / (R + G + B)$ 特征通道。如图 4.3（b）所示，阴影区域受蓝色分量的影响，有较高的像素值。为了避免非阴影区域中蓝色地物（如蓝色的建筑物）的影响，引入 LAB 颜色空间进行进一步约束。在 LAB 颜色空间中，L 是单独表示亮度的分量，其不受颜色分量的影响，因此对阴影区域来说，其 L 分量的数值是低于非阴影区域的，如图 4.3（c）所示。

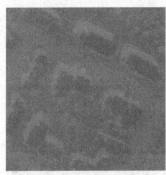

（a）原始图像　　　　　　　　（b）M通道　　　　　　　　（c）L通道

图 4.3　影像 RGB 与 LAB 颜色空间特征

综上所述，本小节设计的 H-V 通道能够进一步强化阴影区域的高色调低亮度特点，而联合本小节设计的 M 通道与 L 通道则能够区分非阴影区域中具有高色调和低强度的深色地物（容易被误检为阴影的地物）。三种通道中的阴影特征结合互补，能够有效避免阴影区域的错检误检，提高阴影检测的准确性与普适性。图 4.4 展示了本节所设计的多颜色空间特征通道组合，图 4.4（b）～（d）分别表示影像在 HSV 颜色空间、LAB 颜色

（a）原始图像　　　　　　　　（b）H-V通道　　　　　　　　（c）L通道

（d）M通道　　　　　　　（e）初始阴影检测结果

图 4.4　多颜色空间特征通道组合设计

空间及 RGB 颜色空间的特征通道。图 4.4（e）为基于本小节设计的多颜色空间特征通道组合分析得到的初始阴影检测结果。

4.3 智能迭代阈值搜索方法设计

4.3.1 自适应加权白鲸智能优化方法原理

遥感影像中光照不均匀且阴影的分布较为复杂，缺乏一定的规律性。此外，在影像的采集过程中通常很难获取有效的先验知识。同时，在遥感成像场景下也很缺乏大量的成对训练数据。这些因素不可避免地影响基于模型和基于深度学习方法的泛化性与应用性。而基于属性的方法具有应用简单、速度快、准确率高等优点，但是如何高效准确地选择最优的阈值也是一个需要解决的问题。

对于阈值求解问题，常用的方法包括最大熵法、最小误差法、最大类间方差法、直方图法及迭代阈值分割法等。Mostafa 等[93]提出一种基于阴影检测器指数，从索引直方图汇总自动搜索阈值的阴影检测算法，该方法原理简单，但是对复杂阴影检测效果较差。位明霞等[94]结合 HSV 变换和区域生长原理，提出了一种双阈值自动阴影检测算法提取遥感影像中的阴影。但是该方法中区域生长的结果依赖于初始种子点的选取，鲁棒性较差。而目前在阴影检测领域最有效、最稳定的阈值分割法是最大类间方差法，该方法通过统计图像灰度值的分布情况，找到一个最佳的灰度阈值，该阈值能够将图像分成黑色和白色两部分，使两部分内部的灰度差异尽可能小，而两部分之间的灰度差异尽可能大。

设图像的灰度级为 $[1, L]$，灰度级为 i 的像素点的个数为 n_i，则总的像素点个数为 $N = n_1 + n_2 + \cdots + n_L$。将直方图中每个灰度级别的像素数量除以总像素数，得到每个灰度级别的归一化频率：

$$p_i = \frac{n_i}{N}, \quad p_i \geqslant 0, \quad \sum_{i=1}^{L} p_i = 1 \tag{4.1}$$

此时，基于灰度级 k，将整幅图像中的所有像素点划分为前景 C_0 和背景 C_1 两类，其中 C_0 表示灰度级为 $[1, \cdots, k]$ 的像素点，C_1 表示灰度级为 $[k+1, \cdots, L]$ 的像素点。前景和背景两类出现的概率可表示为

$$w_0(k) = \Pr(C_0) = \sum_{i=1}^{k} p_i \tag{4.2}$$

$$w_1(k) = \Pr(C_1) = \sum_{i=k+1}^{L} p_i \tag{4.3}$$

根据前景 C_0 与背景 C_1 在整幅图像中出现的概率，前景与背景的平均灰度值可分别表示为

$$\mu_0(k) = \frac{1}{w_0(k)} \sum_{i=1}^{k} i \cdot p_i \tag{4.4}$$

$$\mu_1(k) = \frac{1}{w_1(k)} \sum_{i=k+1}^{L} i \cdot p_i \qquad (4.5)$$

因此，对于所选阈值 k ，可以计算这两个类别之间的方差，计算公式为

$$\sigma_{\text{between}}^2(k) = w_0(k) \cdot [\mu_0(k) - \mu]^2 + w_1(k) \cdot [\mu_1(k) - \mu]^2 \qquad (4.6)$$

式中：$\sigma_{\text{between}}^2$ 为以 k 为分类阈值时前景与背景之间的类间方差；w_0 为前景即阴影像素在整个图像中的占比；w_1 为背景即非阴影像素在整个图像中的占比；μ_0 为图像前景中的平均灰度值；μ_1 为图像背景中的平均灰度值；μ 为整个图像的平均灰度值。

对于每个可能的阈值 k ，将图像分为前景与背景两个类别，计算这两个类别的方差，从所有可能的阈值中进行选择，类间方差最大的阈值 σ_{betwen}^2 即为阴影检测最佳分割阈值：

$$\sigma_{\text{betwen}}^2 = \max_{1 \leqslant k \leqslant L} \sigma_{\text{betwen}}^2(k) \qquad (4.7)$$

4.3.2　自适应加权白鲸智能优化方法流程

遥感影像图幅往往比较大，而最大类间法在逐像素地统计每一个可能的阈值点时所耗费时间较长，导致阴影检测算法效率降低。因此，本节在阴影检测过程中的阈值搜索阶段引入元启发式智能优化算法，在保证阴影检测准确率的基础之上提高算法效率。在此基础上，结合阴影检测过程中阈值搜索原理，提出一种自适应加权白鲸智能优化方法[95]（adaptive weighted whale intelligent optimization algorithm，AW-BWO），该方法基于白鲸群体探索、捕食和鲸落行为，能够快速自适应地搜索出遥感影像中分割阴影的最佳阈值，从而提取出影像中准确的阴影区域。

自适应加权白鲸智能优化方法（AW-BWO）整个过程包含三个阶段，分别是探索阶段和开发阶段及鲸落阶段，对应自然界白鲸的探索、捕食和鲸落。AW-BWO 将一幅图像中每个可能的分割阈值作为白鲸群体中的不同个体，通过模拟群体中每个成员的探索、捕食及鲸落三个不同的阶段，在整个搜索空间内不断搜索更新成员位置，并且在整个搜索过程中，引入动态权重系数来自适应调整跳跃步长，从而调节最佳阈值搜索过程中全局与局部之间的平衡。整个过程是一个从全局范围搜索开始，朝着某个局部范围更新，最终收敛到全局最优的过程。

探索阶段围绕局部最优与全局最优随机选择白鲸，从而保证在搜索空间中的全局搜索能力。开发阶段根据相邻白鲸的位置，并分享彼此的位置信息来合作觅食和移动，考虑最好的候选解和其他解，从而保证在搜索空间中的局部搜索能力。在鲸落阶段，通过模拟鲸鱼坠落行为，利用白鲸的位置和鲸鱼下降的步长来更新白鲸新的位置，防止陷入局部最优。

在整个搜索过程中，可由探索阶段向开发阶段转变，这取决于平衡因子 B_{f} ，可表示为

$$B_{\text{f}} = B_0 \left(1 - \frac{t}{2T} \right) \qquad (4.8)$$

式中：t 为当前迭代；T 为最大迭代次数。每次迭代时 B_0 在 (0,1) 随机变化，当 $B_{\text{f}} \leqslant 0.5$ 时，进入开发阶段，否则进入探索阶段。随着不断迭代，B_{f} 的波动范围从 (0,1) 减小到 (0,0.5)，

说明开发阶段的概率随着迭代 t 的增加而不断增加。

最大类间方差法是通过统计图像灰度值的分布情况，将图像分为两部分，两部分之间的灰度差异越大则分类越准确。因此，本小节选择类间方差作为适应度函数，定义为 $F(t) = w_0(t) \cdot w_1(t) \cdot [\mu_0(t) - \mu_1(t)]^2$，用于评估白鲸位置的优劣性。$F(t)$ 越大，说明当前白鲸位置适应度越高，即当前分割阈值越好。

适应度函数定义完成后，要初始化种群大小 N 与最大迭代次数 T，并根据适应度函数评估初始化种群成员的适应度值（即随机初始化白鲸位置，得到此时每个白鲸位置的适应度值）。此时，记种群中每个成员的局部最优为 $P_{\text{best}[i]}$，初始全局最优值为 G_{best}。

在 $t+1$ 次迭代中，白鲸种群的位置更新公式为

$$p_i^{t+1} = p_i^t + r_1 \cdot (P_{\text{best}[i]} - p_i^t) + r_2 \cdot (G_{\text{best}} - p_i^t) \tag{4.9}$$

式中：t 为当前迭代次数；p_i^{t+1} 为第 i 只白鲸在第 $t+1$ 次迭代时的新位置；p_i^t 为第 i 只白鲸在第 t 次迭代时的位置；$P_{\text{best}[i]}$ 为第 i 只白鲸在此前所有位置中的局部最优位置；G_{best} 为整个白鲸种群中，在此前所有位置中的全局最优位置；r_1 和 r_2 为 $(0,1)$ 的随机数，用于增强探索阶段的随机算子。

随着迭代的进行，平衡因子 B_f 的波动范围开始逐渐从 $(0,1)$ 减小到 $(0,0.5)$，从而进入开发阶段。在开发阶段，根据白鲸之间分享彼此的位置信息来合作觅食和移动，考虑最好的候选解和其他解，从而保证在搜索空间中的局部搜索能力。在此阶段引入 LevyFlight 飞行函数捕捉猎物，以提高收敛性。此阶段，在 $t+1$ 次迭代中，白鲸种群的位置更新公式为

$$p_i^{t+1} = p_i^t + r_3(G_{\text{best}} - p_i^t) + C_1 \cdot \text{LevyFlight} \cdot (p_{\text{pos}}^t - p_i^t) \tag{4.10}$$

$$C_1 = 2 \cdot r_4 \cdot \left(1 - \frac{t}{T}\right) \tag{4.11}$$

式中：t 为当前迭代次数；p_i^{t+1} 为第 i 只白鲸在第 $t+1$ 次迭代时的新位置；p_i^t 为第 i 只白鲸在第 t 次迭代时的位置；p_{pos}^t 为白鲸种群中随机的一只白鲸的位置；G_{best} 为整个白鲸种群中在此前所有位置中的全局最优位置；r_3、r_4 为 $(0,1)$ 的随机数；C_1 用于测量 LevyFlight 飞行函数的随机跳跃强度。LevyFlight 的计算方法如下：

$$\text{LevyFlight} = 0.05 \cdot \frac{\mu \cdot \sigma}{|v|^{\frac{1}{\beta}}} \tag{4.12}$$

$$\sigma = \left[\frac{\Gamma(1+\beta) \cdot \sin\left(\frac{\pi\beta}{2}\right)}{\Gamma\left(\frac{1+\beta}{2} \cdot \beta \cdot 2^{\frac{\beta-1}{2}}\right)} \right]^{\frac{1}{\beta}} \tag{4.13}$$

式中：μ 和 v 为符合正态分布的随机数；β 为默认常数，取 1.5。

在白鲸的迁徙和觅食过程中，它们面临来自虎鲸、北极熊和人类的威胁。尽管大多数白鲸都表现出高度的智慧，通过相互分享信息来规避潜在的危险，但仍有少数白鲸未能幸免，最终掉入海底，成为许多生物的食物来源，这一现象称为鲸落。本小节将鲸鱼

坠落的概率定义为一个线性函数：

$$W_f = 0.1 - \frac{0.05t}{T} \tag{4.14}$$

式中：W_f 为鲸鱼坠落的概率，与迭代次数有关。W_f 从初始的 0.1 下降到最后一次迭代的 0.05，说明当白鲸在优化过程中更接近食物源时，白鲸的危险降低，即在搜索空间进行阈值搜索时，越接近最佳阈值越稳定。

在此阶段，可利用白鲸的位置和鲸落时下降的步长来更新白鲸位置。本小节引入动态权重系数 rw 与 oumiga 来自适应调整跳跃步长与迭代权重，从而调节最佳阈值搜索过程中全局与局部之间的平衡。

rw 与种群数量及迭代次数有关，随着迭代次数增加不断变小。在前期鲸落时，新的白鲸更新位置时跳跃步长更大，防止陷入局部最优，而在后期鲸落时，新的白鲸位置更新位置时跳跃步长更小，朝着全局最优收敛。rw 的定义如下：

$$\mathrm{rw} = \left[1 - \left(\frac{t}{T}\right)\right] \cdot \left(\frac{N}{N-1+t}\right) \tag{4.15}$$

oumiga 用来分配跳跃步长和前一次迭代的权重，定义为 oumiga $= t/T$。随着迭代次数增加，前一次迭代的位置所占权重增加，即前期鲸落时，新的位置随机性强，增加搜索范围，后期鲸落时，新的位置随机性弱增加收敛性。

当平衡因子 B_f 小于等于鲸落概率 W_f 时，标志着进入鲸落阶段，此阶段，在 $t+1$ 次迭代中，白鲸种群的位置更新公式可表示为

$$p_i^{t+1} = (1 - \mathrm{oumiga}) \cdot \mathrm{size} + \mathrm{oumiga} \cdot p_i^t \tag{4.16}$$

$$\mathrm{size} = \mathrm{rw} \cdot (r_5 \cdot p_i^t - r_6 \cdot p_r^t + r_7 \cdot \mathrm{stepsize}) \tag{4.17}$$

式中：r_5、r_6、r_7 为 (0,1) 的随机数；stepsize 为鲸鱼坠落的步长，其受设迭代次数和最大迭代数及设计空间边界的影响，定义如下：

$$\mathrm{stepsize} = (u_b - l_b) \exp\left(-C_2 \cdot \frac{t}{T}\right) \tag{4.18}$$

式中：u_b 和 l_b 分别为设计空间的上界和下界，即所有可能的阈值的最大最小值；C_2 为与鲸鱼下降概率、种群大小相关的步长因子，可表示为

$$C_2 = 2NW_f \tag{4.19}$$

无论哪一个阶段，每次更新完种群位置后，都需要更新种群白鲸的局部最优及全局最优。其中，种群中每只白鲸的局部最优是通过比较自身更新后位置的适应度值与目前的局部最优位置的适应度值来更新的，而全局最优则是整个种群所有白鲸的局部最优位置中适应度值最高的位置。更新方式如下：

$$P_{\mathrm{best}[i]} = \begin{cases} p_i^{t+1}, & F(p_i^{t+1}) < F(P_{\mathrm{best}[i]}) \\ P_{\mathrm{best}[i]}, & \text{其他} \end{cases} \tag{4.20}$$

$$G_{\mathrm{best}} = P_{\mathrm{best}[i]}, \quad \max_{1 \leqslant i \leqslant N} F(P_{\mathrm{best}[i]}) \tag{4.21}$$

在白鲸种群经过整个迭代过程后，通过探索、开发及鲸落三个阶段概率并行地自适应搜索不同遥感场景中阴影分割最佳阈值，利用种群之间成员在搜索过程中不断分享彼

此的位置信息来合作交流，能够快速定位至全局最优值所在区间范围，并在局部精确搜索，从而能够在小范围内快速找到最优解。

根据 4.2 节设计的用于遥感影像阴影检测的多颜色空间特征通道组合，对组合中的每一个特征通道，应用本小节提出的自适应加权白鲸智能优化方法，可以高效地搜索最佳分割阈值。表 4.1 所示为自适应加权白鲸智能优化算法的伪代码。

表 4.1　自适应加权白鲸智能优化算法伪代码

算法：自适应加权白鲸智能优化算法

输入：多颜色空间特征通道组合(H-V, M, L)；种群的数量 N；最大迭代次数 T；

输出：每个通道最优分割阈值 G_{best}

1.　**初始化**：初始化种群；评估种群适应度值；得到局部最优解 $P_{\text{best}[i]}$；初始全局最优解 G_{best}；适应度函数 $F(t)$；
2.　**while**($t<T$), **do**;
3.　　计算平衡因子 B_{f} 与鲸鱼坠落概率 W_{f}
4.　　**For** $i=1$ to N, **do**
5.　　　**If** $B_{\text{f}}(i)>0.5$ **then**
6.　　　　根据探索阶段位置更新公式更新第 i 只白鲸位置
7.　　　　$p_i^{t+1}=p_i^t+r_1\cdot(P_{\text{best}[i]}-p_i^t)+r_2\cdot(G_{\text{best}}-p_i^t)$
8.　　　**Else If** $B_{\text{f}}\leqslant 0.5$ **then**
9.　　　　根据开发阶段位置更新公式更新第 i 只白鲸位置
10.　　　　$p_i^{t+1}=p_i^t+r_3(G_{\text{best}}-p_i^t)+C_1\cdot\text{LevyFlight}\cdot(p_{\text{pos}}^t-p_i^t)$
11.　　　**End If**
12.　　　检查新位置的边界，并评估适应度值
13.　　　$F(p_i^{t+1})=w_0(p_i^{t+1})\cdot w_1(p_i^{t+1})\cdot[\mu_0(p_i^{t+1})-\mu_1(p_i^{t+1})]^2$
14.　　**End For**
15.　　**For** $i=1$ **to** N, **do**
16.　　　**If** $B_{\text{f}}(i)\leqslant W_{\text{f}}$ **then**
17.　　　　根据鲸落阶段位置更新公式更新白鲸新的位置
18.　　　　$\text{stepsize}=(u_{\text{b}}-l_{\text{b}})\exp\left(-C_2\dfrac{t}{T}\right)$
19.　　　　$\text{size}=\text{rw}(r_5\cdot p_i^t-r_6\cdot p_r^t+r_7\cdot\text{stepsize})$
20.　　　　$p_i^{t+1}=(1-\text{oumiga})\cdot\text{size}+\text{oumiga}\cdot p_i^t$
21.　　　　检查新位置的边界，并评估适应度值
22.　　　　$F(p_i^{t+1})=w_0(p_i^{t+1})\cdot w_1(p_i^{t+1})\cdot[\mu_0(p_i^{t+1})-\mu_1(p_i^{t+1})]^2$
23.　　　**End If**
24.　　**End For**
25.　　更新局部最优与全局最优
26.　　$P_{\text{best}[i]}=\begin{cases}p_i^{t+1},&F(p_i^{t+1})<F(P_{\text{best}[i]})\\P_{\text{best}[i]},&\text{其他}\end{cases}$
27.　　$G_{\text{best}}=P_{\text{best}[[i]}$，$\max\limits_{1\leqslant i\leqslant N}F(P_{\text{best}[i]})$
28.　　迭代继续
29.　　$t=t+1$
30.　**End While**
31.　输出最佳解 G_{best}

4.4 阴影检测结果优化

基于本书设计的多颜色空间特征通道组合（H-V，M，L），利用所提出的 AW-BWO 可以得到各个通道的最佳分割阈值，从而得到阴影检测的初始结果。但是考虑遥感影像场景中的地物复杂性，在阴影检测过程中仍可能会存在误检测的情况，需要对初始阴影检测结果进行后续优化，以获得更为精确的结果。

在初始的阴影检测过程中，可能导致误检测的情况大致可分为两类。第一类是非阴影区域中存在的与阴影特征相似的地物可能被误检为阴影，如非阴影区域中的树冠、黑色汽车等。第二类是阴影区域中具有较高亮度的物体可能被漏检，如白色车辆、标志牌等。因此，在获得初始阴影检测结果基础之上，需要针对这两类问题进行进一步的优化处理。

同样地，上述两类错检误检情况可通过剔除小连通区及填补空洞区域两部分处理完成，具体可参考 3.4 节。

第 5 章 基于深度学习的细节感知的阴影检测网络

本章首先总结目前基于深度学习的遥感影像中阴影检测问题,针对这些问题,提出遥感影像细节感知阴影检测网络,随后,详细介绍算法流程,以及该网络的各个组成部分。

5.1 基于深度学习的阴影检测模型关键问题

在以往的工作中,遥感影像阴影检测存在的问题主要包括以下几点。

(1)低层次的局部信息可以有效地帮助解码过程中特征的恢复。然而,由于单一的卷积操作,低层次的信息往往在编码过程中丢失,减少了细节特征的融合,从而导致遥感影像阴影检测的内容不完整。

(2)如图 5.1 所示,遥感影像中阴影的尺度变化大和分布凌乱是较为明显的特征,这些特征加剧了不同类型阴影的复杂性和多样性,使提取全局分布和特征表示来检测精细的阴影变得困难。尤其是在编码过程中,阴影特征信息变得更为复杂和缺乏规律性。

　　　（a）阴影形状多样　　　　　　（b）阴影分布凌乱　　　　　　（c）阴影分布零散

图 5.1　遥感影像中阴影的分布特点

（3）遥感影像的阴影检测也可以被看作是一项语义分割任务。然而，在传统的基于深度学习的阴影检测方法中，低层次的局部特征和高层次的全局特征在解码过程中不能有效结合，这导致了上下文信息的不完全融合，在特征解码时可能使关键信息丢失，从而无法识别前景和背景。

（4）图 5.2 所示为阴影在数据集中的分布，阴影和非阴影样本是用黑色和白色标记的区域，阴影分别占整个影像的93%和5%。对于阴影和周围的环境，经常出现前景-背景不均匀的问题。以前基于交叉熵损失函数的阴影检测方法只关注阴影像素，而忽略了其他非阴影像素。受可用特征的限制，采用交叉熵损失的结果从模型中学习到的信息较少。此外，由于细节感知的不足，交叉熵损失函数对微小阴影的检测能力也很弱，严重限制了模型的训练。

 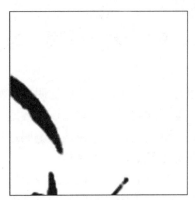

（a）阴影占整个影像的93%　　　　　　　　（b）阴影占整个影像的5%

图 5.2　阴影在数据集中的分布

5.2　上下文细节感知网络总体框架

为解决 5.1 节所述问题，本节提出遥感影像的上下文细节感知网络（context detail aware network，CDANet）。在 CDANet 中，判别特征由双分支（double branch，DB）模块生成，它产生两个输出：一个携带低级局部信息用于解码，另一个用于跳跃连接。残差膨胀（residual dilation，RD）模块用于高级语义信息的处理，以挖掘潜在的全局特征分布和细节。在上下文语义融合连接（context semantic fusion connection，CSFC）中结合相邻特征作为解码过程中的辅助信息，预测显著阴影区域。此外，针对前背景不均匀阴影场景问题，提出二元交叉熵（binary cross entropy，BCE）损失和 Lovasz hinge 损失相结合的混合损失函数，可有效地捕获建筑物的规则阴影和树木的微小阴影。CDANet 整体框架图如图 5.3 所示。

CDANet 的主要创新点如下。

（1）CDANet 通过使用不同的卷积核捕获阴影信息，DB 模块可以在相同分辨率下有效聚焦不同尺度的信息。针对遥感影像中细小、碎片化的阴影，基于 DB 模块可以有效恢复编码过程中局部阴影细节的权重。

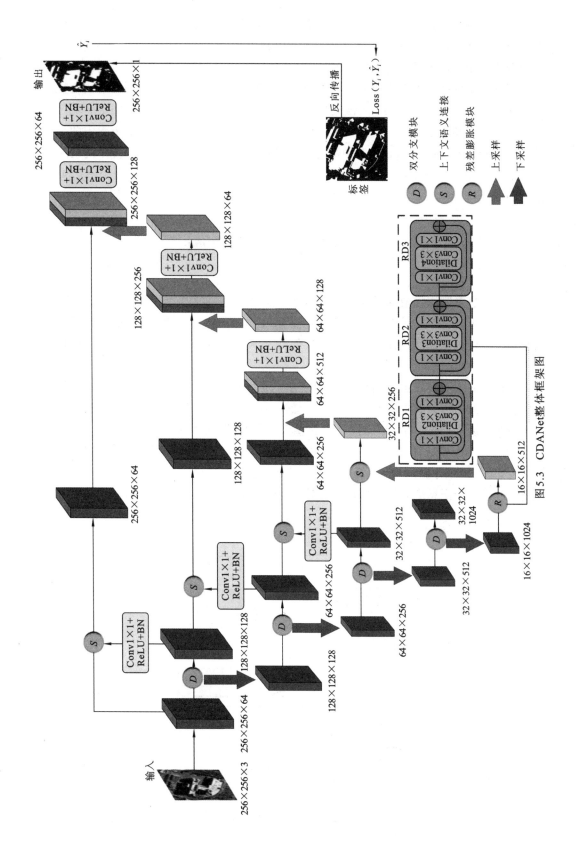

图 5.3　CDANet 整体框架图

（2）CDANet 提出一种带有 RD 模块的 CSFC 策略，可以有效地融合遥感影像中相关的局部和全局阴影信息。CSFC 策略中首先使用 RD 模块压缩和提取全局高层阴影分布和变化。随后，为了提高周围相似环境与阴影的识别能力，在 CSFC 中将 RD 模块提取的高维阴影特征与 DB 模块中的低维局部细节相结合，形成上下文阴影语义特征。浅层和深层特征的融合可提供多层次的特征描述，突出显著阴影，削弱非阴影区域。

（3）CDANet 中混合损失函数可以灵活地应用于遥感影像，该损失函数由两部分组成：一部分是 Lovasz hinge 损失函数，关注杂乱的阴影，另一部分是 BCE 损失函数，关注规则的阴影。基于混合损失函数，可有效解决前景背景不均匀和微小阴影不完全检测的问题。

5.3　编码器双分支结构

空间信息是阴影提取的重要内容。然而，深度学习中频繁的卷积运算，会导致部分空间信息丢失。本节采用双分支结构来减弱编码中的信息损失[96]。DB 模块有两个重要的影响：①可以帮助网络保留阴影特征并保持上下文关系；②模型多次迭代，有利于梯度下降。

卷积核的大小不仅可控制理论感受野[97]，还能够影响有效感受野区域信息的权重。有效感受野只是理论感受野的一部分。有效感受野为高斯分布，可能无法完全捕捉到分布在边缘的阴影信息。当使用相同大小的卷积时，提取的阴影关键特征通常是冗余的[98]。因此，使用 DB 模块通过不同大小的卷积核在多个尺度上发现不同的阴影信息。DB 模块结构如图 5.4 所示，其中 O_1 表示需要跳过连接的特征，O_2 表示向下传输的特征信息。左侧部分为一个信息提取的过程，它应用一个核大小为 3×3 的双层卷积，以步长为 1 滑

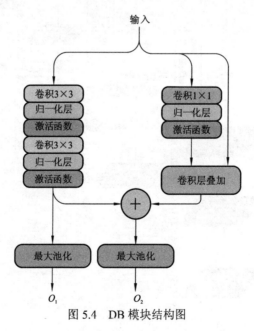

图 5.4　DB 模块结构图

动的方式从输入中提取特征。在这个过程中，使用边缘填充 1 个像素的方式来填充图像，以确保特征大小与输入一致。右侧部分分为两个步骤，首先左侧部分使输入特征通过一层 1×1 卷积块，右侧部分保留输入特征，不进行任何卷积操作，因此该步骤可以看作是一个减轻阴影信息损失的过程。然后，将右侧部分提取的特征与左侧部分的特征相结合，通过增加真实阴影区域的权重，削弱非阴影区域，有效地补充特征信息。

5.4 上下文语义融合连接策略与残差膨胀模块

在 CNN 中，低层阴影特征过于杂乱，而深层阴影特征通常缺乏规律性。虽然使用 DB 模块可以提取详细的信息，但要捕捉阴影物体的全局空间关系和尺度变化仍然很复杂。为了从复杂关系中提取全局高级特征，本节提出上下文语义融合连接（CSFC）策略和残差膨胀（RD）模块，有效地融合不同层次的阴影上下文特征，并有效抑制梯度的消失或爆炸。虽然残差网络通过采用短连接的方法也可以解决这一现象[99]，但该方法直接应用于复杂度高、规模大的遥感影像，会产生较大的算法复杂度。RD 块采用膨胀卷积代替传统的卷积，可以在不增加参数数量的情况下探索阴影特征中较远像素之间的关系。其中，卷积核为 1 的卷积改变具体操作的通道，使最终的特征大小一致。RD 模块输出的具体表示为

$$O = \mathrm{RD}_3(\mathrm{RD}_2(\mathrm{RD}_1(I) + I) + \mathrm{RD}_1) + \mathrm{RD}_2 \tag{5.1}$$

式中：RD_1、RD_2、RD_3 代表 RD 模块；I 和 O 分别为从之前下采样获得的输入阴影特征和生成的输出特征。RD_1 和 RD_2 并不会改变输入特征的通道数和尺寸，RD_3 将特征的维度从 1024 变为 512，通过特征降维的方式使其与之前的低级阴影特征相匹配。

如图 5.5 所示，RD_1、RD_2、RD_3 具有相同的结构，唯一的区别在于膨胀卷积的大小不同。具体来说，该模块以 1×1 卷积开始，之后连接膨胀卷积。使用 1×1 卷积用于调整特征图的大小，并将它与输入特征图相连。需要注意的是，每个 RD 模块中的膨胀卷积的大小是不同的，RD_1 为 2，RD_2 为 3，RD_3 为 4。该模块挖掘全局的高层阴影分布和变化，有助于细化局部阴影特征。残差膨胀模块的结构图如图 5.5 所示。

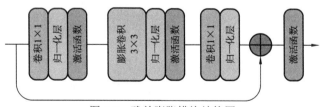

图 5.5 残差膨胀模块结构图

CSFC 结构用来结合两个相邻的特征层，以克服混乱空间信息的不利影响，并学习稳健和重要的信息。因此，它能以从粗到细的方式产生整齐和突出的信息。

CSFC 的结构如图 5.6 所示。每次融合都需要提前将特征通过反卷积层和池化层来进行归一化，从而使两个相邻的阴影特征图具有相同的大小。然后通过串联操作，使相应的特征图在解码过程中进行跳转连接。通过在中间步骤中加入辅助特征增强的方法，使

每个上采样可以直接从相邻层次中学习，从而形成一个高度灵活的阴影特征融合方案。

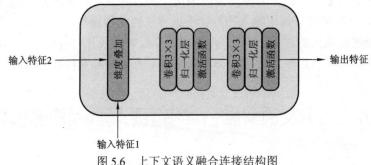

输入特征1

图 5.6 上下文语义融合连接结构图

5.5 混合损失函数

在深度学习网络中，损失函数是一个至关重要的组成部分，它可以计算出模型预测与实际情况之间的差，并通过差值引导模型进入最优状态。二元交叉熵（BCE）损失通常用于二进制分割任务，其表达式为

$$L_{\text{BCE}} = -\frac{1}{N} \sum_{i=0}^{N} (y_i \lg \sigma(y_i') + (1-y_i) \lg(1 - \sigma(y_i')))$$ （5.2）

式中：$y_i \in \{0,1\}$ 为真实标签的第 i 个像素；$y_i' \in \{0,1\}$ 为对应网络的预测结果。

对于每一幅图像，阴影区域的比例是不稳定的，标签的形状也更加复杂和无序。如果直接使用原来的 BCE 损失来监督网络，类的不平衡分布会导致网络的学习能力不足。为了解决上述问题，本节用混合损失来代替 BCE 损失以避免负面影响。混合损失将 Jaccard 损失与 Lovasz hinge 和 BCE 损失结合。新的损失函数对于每次迭代的预测结果和真实情况都是灵活的。Jaccard 损失是逐个像素计算的，不会受前景-背景分布不均带来的影响。虽然 Jaccard 指数通常是针对整个数据集上的每个像素计算的，但在单个图像上计算 Jaccard 指数可以消除大类别的偏差。因此，本节使用一个结合 Lovasz hinge 损失和 Jaccard 损失的损失函数来解决二值图像的分割任务。对于地面真实 y^* 和预测输出 $\tilde{y}$，c 类别的错误预测集像素定义为

$$M_c(y^*, \tilde{y}) = \{y^* = c, \tilde{y} \neq c\} \bigcup \{y^* \neq c, \tilde{y} = c\}$$ （5.3）

式中：y^* 为真实标签；Jaccard 损失可以写成不正确预测集的函数，其推导过程如式（5.4）~式（5.7）所示：

$$\Delta J_C : \{0,1\}^p \rightarrow \frac{|M_c|}{|\{y^* = c\} \bigcup M_c|}$$ （5.4）

$$\tilde{y} = \text{sign}(F_i(x))$$ （5.5）

$$m_i = \max(1 - F_i(x) y_i^*, 0)$$ （5.6）

$$\text{Loss}(F) = \overline{\Delta}_{J1}(m(F))$$ （5.7）

为方便表述，用离散超立方体 $\{0,1\}^p$ 中的指标向量来识别像素子集。首先，L_{lovasz} 使用 Jaccard 损失来优化前景类。然后，对于每个图像 x，以 y_i^* 作为真实标签的第 i 个像素，$F_i(x)$ 作为第 i 个输出评分函数的值，$\tilde{y}_i$ 作为预测的标签。因此，一个预测像素 i 的 hinge 损失为 m_i。在这种情况下，Lovasz hinge 损失的向量 $\boldsymbol{m} \in R^+$ 即误差向量，$\overline{\Delta}_{J1}$ 即 Δ_{J1} 的 Lovasz 展开项，其具体的推演方程见文献[100]。Loss (F) 是与 Lovasz hinge 损失相结合的 Jaccard 损失。

本节将两个损失函数相加形成一个新的损失函数，用于补偿交叉熵损失造成的不足，最终损失的计算方法如式（5.8）所示：

$$L = L_{\text{BCE}} + \lambda L_{\text{Jaccard-hinge}} \tag{5.8}$$

此外，两个损失函数的不同权重会带来不同的效果。例如，BCE 损失的权重过高会导致微小阴影信息的丢失。相反，带有 Lovasz hinge 的 Jaccard 损失的权重过高，会导致规则阴影的缺失。为了得到一个稳定的损失函数，可加入 λ 作为系数，并通过实验确定最佳的损失函数权重。第 10 章和第 11 章的实验部分将描述不同 λ 值的检测效果。

第 6 章

基于非线性光照迁移的阴影去除方法

阴影的存在会使遥感影像中原本的地物信息受到干扰。阴影去除的目的是在去除阴影的同时，能够保持去除后的区域与周围的光照区域在颜色、纹理上自然融合。因此，在对阴影准确检测的前提下，本章设计一种基于非线性光照迁移阴影去除算法，最终实现遥感影像的阴影去除。

6.1　方向自适应的光照无关特征提取方法

由于阴影的存在，地物的颜色、亮度、几何特征等信息会不同程度地衰减，并且衰减程度是无法进行量化的，如果直接利用这些信息进行阴影去除，会导致阴影去除后的区域存在颜色差异，并且区域对比度、地物的边缘特征修复会出现偏差。因此，在阴影去除过程中，如何避免光照变化对特征提取的影响，是本节需要研究的主要内容。由于物体表面的纹理信息在很多情况下未受到阴影的干扰，本节在此基础上提出方向自适应的光照无关特征提取方法。

6.1.1　设计过程

纹理特征的提取在遥感影像处理的过程中扮演着至关重要的角色，因此，如何对遥感影像中地物表面的纹理信息进行有效描述就很关键。常用的纹理特征提取算法主要包括灰度共生矩阵、灰度差异矩阵、小波变换及局部二值模式（local binary pattern，LBP）[101]等。这几种方法各有优缺点，例如：传统的基于灰度共生矩阵与灰度差异矩阵可以获取到图像纹理的统计信息，但是对于亮度和光照比较敏感；小波变换能够提取不同尺度的纹理信息，但是计算复杂度较高；而局部二值模式的计算过程简单，并且具有对光照变化不敏感的特性，比较适合用于遥感影像纹理特征提取。

经典的局部二值模式算子的模板是矩形的，其覆盖范围比较小，很难满足不同尺寸和频率的纹理特征提取的需求。考虑遥感影像中的地物分布随机多变，同一地物可能分布在影像中不同位置、不同方向，在纹理特征提取过程中，需要考虑图像旋转问题，保证对于同一地物，从不同的方向进行特征描述所得到的结果一致。因此，本小节选取圆形 LBP 算子来适应不同尺寸大小的纹理特征，并基于此进行邻域内旋转不变性设计。

对于一个局部窗口邻域，设定中心点像素坐标为（X_{center}，Y_{center}），则周围采样点的坐标计算方式如下：

$$X_p = X_{center} + R\cos\frac{2\pi p}{n} \tag{6.1}$$

$$Y_p = Y_{center} + R\sin\frac{2\pi p}{n} \tag{6.2}$$

式中：R 为邻域半径；n 为采样点个数；p 为邻域内采样点，取值为 $0,1,\cdots,n-1$。

圆形 LBP 算子通过在一定圆形邻域内对每个采样点与中心像素点进行灰度差值比较，将每个像素点表示为一个二进制编码，转换成十进制值用于描述该像素点周围的纹理特征。采样点 LBP 值可表示为

$$L(X_{center}, Y_{center}) = \sum_{p=0}^{n-1} S(F(X_p, Y_p) - F(X_{center}, Y_{center})) \cdot 2^n \tag{6.3}$$

式中：(X_{center}, Y_{center}) 为中心点坐标；(X_p, Y_p) 为采样点坐标；$F(X_p, Y_p)$ 和 $F(X_{center}, Y_{center})$ 分别为第 p 个采样点和中心点的灰度值；$S(x)$ 为一个阶跃函数，当 $x \geqslant 0$ 时，$S(x) = 1$，否则 $S(x) = 0$。

根据式（6.3）得到的 LBP 值具有光照无关性，但是对图像旋转较为敏感。因此，可在邻域内按照某个方向通过循环移位操作，得到邻域内 n 个采样点的 LBP 值，取其平均值作为中心点的最终 LBP，从而排除旋转带来的影响。具体计算方式如下：

$$L^r(X_{center}, Y_{center}) = \text{mean}\{\text{ROR}(L^p(X_{center}, Y_{center}) \mid p = 0,1,\cdots,n-1)\} \tag{6.4}$$

方向自适应的设计过程如图 6.1 所示。预先定义 8 个方向，进而计算在 8 个方向上的特征值，自动选择值最小的方向进行特征描述，最终实现方向自适应的编码过程。

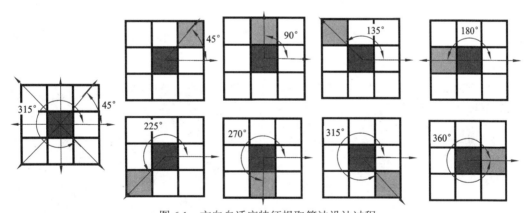

图 6.1　方向自适应特征提取算法设计过程

纹理特征采样过程如图 6.2 所示，通过在邻域内按照某个方向进行循环移位操作，得到邻域内 n 个采样点的 LBP 值，取其平均值作为中心点的最终 LBP 值。

6.1.2　梯度倒数加权处理

LBP 算子通过比较相邻像素点与中心点的大小来进行局部范围内的二值编码过程。图 6.3（a）和（b）为原始图像及其灰度图，图 6.3（c）为经过 6.1.1 小节方向自适应后构建的特征图。可以看出，这种简单直接的编码过程会使计算过程中抗噪声干扰能力很

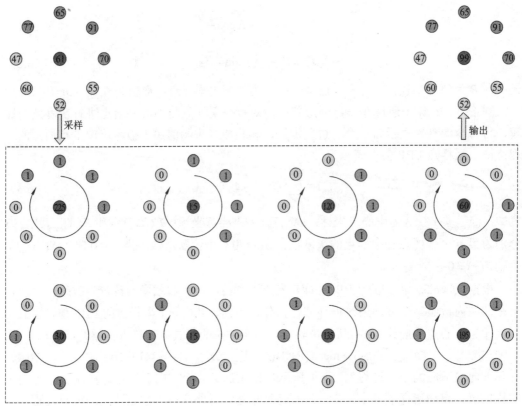

图 6.2　纹理特征采样过程

弱，若计算区域内存在异常像素点会对中心像素点的计算带来极大的误差，并且由于阴影边界像素点变化剧烈，这种编码过程在处理阴影边界过程中缺乏稳健的适应性。

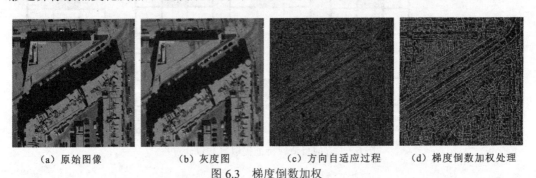

（a）原始图像　　　（b）灰度图　　　（c）方向自适应过程　　（d）梯度倒数加权处理

图 6.3　梯度倒数加权

梯度算子的各向异性在处理平稳或缓慢变化的纹理时有着良好的效果，但是在对阴影内部的特征提取时效果不佳。出现这种问题的原因在于阴影的存在压缩了地物之间像素值范围，使阴影覆盖下的地物纹理特征并不明显。阴影这种强干扰背景会使梯度算子在处理地物纹理时效果不佳。而梯度倒数加权的思想具有保细节和抗强干扰的能力，可以用在面向阴影背景下的特征提取方法中，以突出地物的纹理特征。在图像中，相邻地物的梯度变化大于地物内部的梯度变化，在同一区域内，中间像素的梯度值的变化小于边缘像素的变化，即越靠近图像边缘区域，梯度值越大。

实现方向自适应过程后,本小节以计算得到的特征图 F_{RLBP} 为基础进行梯度倒数加权处理,以实现对纹理细节的保留。以梯度倒数作为权重,则区域内部的邻点权值大于边缘附近的权值。这样在边缘部分重构的像素点大小的主要贡献来自区域内部的像素点,从而保证纹理的特征不会受到明显损害,并且处理后的每个像素点能够适应光照变化[102]。梯度倒数加权处理的相关公式如下:

$$G(i+m,j+n) = \begin{cases} \dfrac{1}{\left| f(i+m,j+n) - f(i,j) \right|}, & \left| F_{\mathrm{RLBP}}(i+m,j+n) - F_{\mathrm{RLBP}}(i,j) \right| \neq 0 \\ 0, & \left| F_{\mathrm{RLBP}}(i+m,j+n) - F_{\mathrm{RLBP}}(i,j) \right| = 0 \end{cases} \quad (6.5)$$

$$w(i+m,j+n) = \begin{cases} \dfrac{G(i+m,j+n)}{2\sum\limits_{m=-1}^{1}\sum\limits_{n=-1}^{1} G(i+m,j+n)}, & m \neq 0, n \neq 0 \\ \dfrac{1}{2}, & m = 0, n = 0 \end{cases} \quad (6.6)$$

$$F'(i,j) = \sum_{m=-1}^{1}\sum_{n=-1}^{1} w(i+m,j+n) \cdot F_{\mathrm{RLBP}}(i+m,j+n), \quad m,n \in \{-1,0,1\} \quad (6.7)$$

式中:$F_{\mathrm{RLBP}}(i,j)$ 为图像中滑动窗口内中心像素点;$G(i+m,j+n)$ 为相邻点 $(i+m,j+n)$ 与中心点 (i,j) 像素差的倒数。本小节定义:当邻域点与中心点的像素相同,即 $\left| F_{\mathrm{RLBP}}(i+m,j+n) - F_{\mathrm{RLBP}}(i,j) \right| = 0$,则梯度倒数值 $G(i+m,j+n) = 0$。式(6.6)是对滑动窗口内的梯度倒数值进行归一化的过程,式中的 $w(i+m,j+n)$ 是 $G(i+m,j+n)$ 的归一化权重值。本小节定义:中心像素的归一化权重指定为 0.5。式(6.7)是根据滑动窗口的权重对中心点的像素值进行重构的过程,$F'(i,j)$ 是定义窗口内的加权和,也是在梯度倒数加权处理下的新特征值,如图 6.3(d)所示。总的来说,本小节提出的方向自适应的光照无关特征提取方法,通过结合旋转角度能够自适应寻找到最小方向上的特征值,并利用梯度倒数加权方法来进一步增强特征提取过程中的抗干扰能力,能够保留阴影内部的地物细节特征,有效防止地物位置方向多变、光照变化对特征提取带来的影响。

6.2 基于奇异值的不规则区域匹配

遥感影像中的阴影内部地物类型复杂,有效实现阴影去除需要在光照区域寻找到与阴影地物特征相似的区域作为参照。由于遥感影像中的地物是随机分布的,将阴影视为一个整体,寻找到与整块阴影特征类似的光照区域是难以实现的。阴影的存在会造成地物的特征信息衰减,也会对阴影内部的分块效果带来影响,可事先利用图像增强中的低光图像增强(low-light image enhancement,LIME)方法单独对阴影进行部分修复,再利用 2.3.1 小节提出的均值漂移方法分别对阴影区域和光照区域进行分割。图 6.4(a)和(b)表示的是阴影区域的分割线及在原始图像阴影中的映射。图 6.4(c)和(d)表示的是光照区域的分割线及在原始图像光照区域的映射。在此基础上,本节分为两个部分:一是通过构建光学视觉特征矩阵以实现形状不规则图像块的规则化过程;二是利用奇异值分解原理实现阴影块与光照块的快速匹配过程。

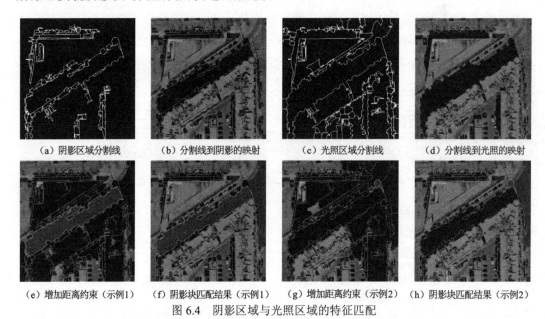

| （a）阴影区域分割线 | （b）分割线到阴影的映射 | （c）光照区域分割线 | （d）分割线到光照的映射 |

| （e）增加距离约束（示例1） | （f）阴影块匹配结果（示例1） | （g）增加距离约束（示例2） | （h）阴影块匹配结果（示例2） |

图 6.4　阴影区域与光照区域的特征匹配

6.2.1　不规则图像块光学视觉特征矩阵的构建

图像块的形状大小是不规则的，因此图像块内部包含的地物信息数量是不同的。直接利用不规则图像块会因为图像块的尺寸、不规则的几何特征造成极大的匹配误差，从而影响阴影去除效果。因此，需要构造高维特征来规范描述不规则图像块。本小节使用 RGB 空间的红色光 R、绿色光 G、蓝色光 B 分量来描述图像的颜色信息，而使用图像在 x，y 方向上的一阶导数 g_x,g_y 和二阶导数 g_x',g_y' 等高维统计分量来描述图像的空间信息。考虑图像的颜色和空间信息或多或少地会受到阴影的影响，本小节利用提出的方向自适应特征提取方法构建每个分量的光照无关特征 $\{F_R',F_G',F_B',F_{g_x}'F_{g_y}',F_{g_x'}',F_{g_y'}'\}$，从而避免光照强度变化或阴影的存在对图像光学视觉特征的干扰。

在确定图像的光学视觉特征后，需要构造高维特征来描述不规则图像块，以实现图像块的规则化过程。对于图像块的一个点，设计一个 7 维的特征向量来描述当前点的多维属性 $z_k=[F_R',F_G',F_B',F_{g_x}',F_{g_y}',F_{g_x'}',F_{g_y'}']^T$。在此基础上，本小节构造当前不规则图像块各个分量的多维特征均值分量 $\boldsymbol{\mu}_r=[\mu_{F_R'},\mu_{F_G'},\mu_{F_B'},\mu_{F_{g_x}'},\mu_{F_{g_y}'},\mu_{F_{g_x'}'},\mu_{F_{g_y'}'}]^T$。查阅文献[18]可知，协方差作为一种度量多维变量关系的统计量，是用点特征向量减去块平均特征向量来计算的。利用协方差公式来构造图像块当前点的多维矩阵，公式如下：

$$C_k=(z_k-\boldsymbol{\mu}_r)(z_k-\boldsymbol{\mu}_r)^T \tag{6.8}$$

式中：z_k 为图像块中第 k 个像素的 7 维特征向量；$\boldsymbol{\mu}_r$ 为图像块多维特征均值分量；C_k 为第 k 点的协方差矩阵，可以用来描述图像的多维特征，并且对光照变化不敏感。在得到图像块中某点的多维特征矩阵后，计算整个图像块的多维特征矩阵，其计算公式为

$$C_r = \frac{1}{K-1} \sum_{k=1}^{K} C_k \qquad (6.9)$$

式中：C_r 为一个 7×7 协方差矩阵，用来描述当前图像块的多维特征；K 为当前图像块的像素点总数。综上所述，本小节利用颜色信息、空间统计特征等多维信息建立光照无光特征分量，结合协方差公式构造包含多维属性的光学视觉特征矩阵，丰富对不规则图像块的特征描述，也简化了后续阴影块与光照块匹配的计算过程。

6.2.2 阴影区域与非阴影区域的特征匹配

实现图像块之间的匹配首先需要考虑的是空间地理相关性。由地理学第一定律（空间相关性定律）可知，地物之间的相关性与距离有关，一般来说距离越近，地物之间的相关性越大[103]。在阴影块与光照块匹配过程中，如果阴影块在全局图像中去寻找光照块势必会付出极大的时间代价。而阴影周围的光照区域和阴影区域是存在地理空间相关性的，因此需要设置距离约束来优化图像块匹配的运算过程。图 6.4（e）和（g）分别表示两个阴影块在距离约束下与光照区域的匹配示意图。

在对每个图像块构建光学视觉高维特征矩阵后，遥感影像中的阴影块需要在距离约束下快速匹配到特征相近的光照块。构建相似度度量是图像块匹配算法的核心，传统的方法是逐像素地对图像块中所有值进行匹配计算。这类算法计算简单，但存在的最大问题是当图像出现遮挡、非刚性形变时，匹配精度会下降，不满足阴影块与光照块之间的匹配。本小节采用奇异值原理来实现图像块之间的匹配，图像块矩阵利用奇异值分解表示为 3 个更简单的子矩阵的乘积，从而实现可以降低矩阵计算的时间复杂度，提高计算效率。阴影块和光照块的奇异值分解相关公式如下：

$$C_{r,\text{shadow}} = U_{\text{shadow}} \cdot S_{\text{shadow}} \cdot V_{\text{shadow}} \qquad (6.10)$$

$$C_{r,\text{sunlit}} = U_{\text{sunlit}} \cdot S_{\text{sunlit}} \cdot V_{\text{sunlit}} \qquad (6.11)$$

式中：$C_{r,\text{shadow}}$ 和 $C_{r,\text{sunlit}}$ 分别为阴影块和光照块的特征矩阵；U_{shadow} 和 U_{sunlit} 为特征矩阵的左奇异向量，V_{shadow} 和 V_{sunlit} 为特征矩阵的右奇异向量；S_{shadow} 为阴影块的对角矩阵，主对角线上的值为阴影块的奇异值 $S_{\text{shadow}} = \text{diag}\{\alpha_1, \alpha_2, \cdots, \alpha_7\}$；$S_{\text{sunlit}}$ 为光照块的对角矩阵，主对角线上的值为光照块的奇异值 $S_{\text{sunlit}} = \text{diag}\{\beta_1, \beta_2, \cdots, \beta_7\}$。

在得到阴影块与光照块的奇异值后，如果光照块与阴影块的特征相近，那么其特征矩阵分解后的奇异值应该是接近的，通过判断两个特征矩阵之间的奇异值的差就可以定量描述图像块之间的相似度度量。引入光照块与阴影块之间的奇异值距离来实现图像块的相似度度量，奇异值距离计算公式如下：

$$\text{dist}_{\text{svd}} = \sqrt{(\alpha_1 - \beta_1)^2 + (\alpha_2 - \beta_2)^2 + \cdots + (\alpha_7 - \beta_7)^2} \qquad (6.12)$$

式中：dist_{svd} 为阴影块与光照块之间的奇异值距离。当 dist_{svd} 最小时，两个对角矩阵之间奇异值的差最小，其图像块特征矩阵最为相似，意味着该阴影块找到了与其特征最为接近的光照块。图 6.4（f）和（h）所示为基于光照视觉特征的阴影块匹配过程示意图，图像中红色部分为阴影区域中的某个图像块，而图像中蓝色部分表示的是与阴影块特征相近的光照块。

综上所示，本小节考虑地理空间相关性，通过距离约束来优化阴影块搜索最佳光照块的计算过程。此外，结合奇异值原理，对光学视觉特征矩阵进行分解，构造奇异值距离以实现阴影块与光照块之间的相似度度量，最终实现阴影块与非阴影块的特征匹配过程。

6.3 非线性光照迁移算法实现阴影去除

6.3.1 传统光照补偿算法原理

传统的光照迁移方法基于线性映射模型[52]，即认为阴影区域中点的颜色值与其消除阴影后的颜色存在一种线性关系。根据图像成像原理，图像像素的 RGB 值是由光照和反射率共同作用形成的：

$$I_x = R_x L_x \tag{6.13}$$

式中：I_x 是图像中观察到点 x 的 RGB 值；L_x 和 R_x 分别为点 x 处的光照强度和反射率值。

假设场景中只有一个直接光源，而场景中的阴影是由于单一光源的遮挡而形成的。如果像素点 x 处于光照区域，那么它的光照来自太阳的直接光照 L^d 与周围环境的反射光照 L^a：

$$L_x = L^d + L^a \tag{6.14}$$

如果点 x 在本影区域，由于直接光照全部被遮挡，阴影区域只包括环境光照，即 $L_x = L^a$。在半影区域中，直射光照是被部分遮挡的，来自周围环境的反射光不受影响，依然能够达到半影区域，它的光照可以表达为

$$L_x = \alpha_x L^d + L^a \tag{6.15}$$

式中：α_x 为点 x 处直接光源的衰减因子，可理解为直射光源的透明度。因此，阴影区域中点 x 的 RGB 值及其消除阴影后的 RGB 值 I_x^{free} 可表示为

$$\begin{cases} I_x = (\alpha_x L^d + L^a) R_x \\ I_x^{\text{free}} = (L^d + L^a) R_x \end{cases} \tag{6.16}$$

线性映射模型认为，阴影区域中点的颜色值与其消除阴影后的颜色值存在一种线性关系，阴影区域上点 x 消除阴影后的 RGB 值可以表示为

$$I_x' = kI_x + b \tag{6.17}$$

式中：$k = \dfrac{\sigma(L)}{\sigma(S)}$，$\sigma(L)$ 和 $\sigma(S)$ 为对应样本区域的方差；$b = \mu(L) - k\mu(S)$，$\mu(S)$ 为阴影样本区域的平均值，$\mu(L)$ 为与阴影样本具有相同材质的非阴影样本区域的平均值。这种阴影消除模型只适用于阴影区域材质相同的图像，对阴影区域具有复杂材质的图像并不适用。阴影区域上点 x 消除阴影后的 RGB 值可以表示为

$$I_x' = \frac{\sigma(L)}{\sigma(S)}(I_x - \mu(S)) + \mu(L) \tag{6.18}$$

用 I'_x 代替式（6.16）中的 I_X^{free}，可以推导出：

$$\frac{L^{\text{d}}}{L^{\text{a}}} = \frac{I_x - I'_x}{\alpha_x I'_x - I_x} \tag{6.19}$$

令 $t = \dfrac{I_x - I'_x}{\alpha_x I'_x - I_x}$，则有

$$L^{\text{d}} = t L^{\text{a}} \tag{6.20}$$

于是，可以得到去除阴影后的像素的 x 的 RGB 值：

$$I_x^{\text{free}} = (t+1) L^{\text{a}} R_x = \frac{t+1}{\alpha_x t + 1} I_x \tag{6.21}$$

根据式（6.21），可以把每一个阴影区域与其匹配的非阴影区域利用线性光照补偿的方法恢复阴影。

6.3.2 非线性光照迁移算法推导过程

由于遥感影像中复杂地物的反射率不同，地物在阴影干扰下的衰减程度并不相同，总有一小部分阴影块与阳光块不匹配。如果每个阴影都直接用相应的阳光块进行调整，结果往往与阴影不一致。此外，传统的线性映射模型认为，阴影中像素的颜色与去除后的颜色之间存在线性关系。然而，这个线性关系只适用于简单材质内阴影的情况，而不适用于复杂的阴影。由于遥感影像中的地物是随机分布的，将阴影视为一个整体，寻找与整块阴影特征类似的光照区域在遥感影像中是难以实现的。而所提出的不规则区域匹配过程可以帮助阴影块寻找到与其特征相近的光照块，将与阴影相关的光照组成一个参照模板对阴影区域进行校正。本小节结合成像模型和矩阵变换提出一种非线性光照迁移方法，该方法推断阴影中像素的颜色与去除后像素的颜色之间实际上存在非线性关系。本小节根据与阴影相关的光照块对整体阴影区域进行缩放、旋转和平移，拟合 RGB 色彩空间中的无阴影区域。

根据成像原理，图像的像素值是由照度和反射率共同作用形成的，具体如下：

$$I_x = L_x \cdot R_x \tag{6.22}$$

式中：I_x 为图像中 x 点的像素值；L_x 和 R_x 分别为 x 点的照度和反射率。

如果点 x 位于日照区域，则其照度由直接光照强度 L^{d} 和周围环境的反射光照强度 L^{a} 组成：

$$L_x = L^{\text{d}} + L^{\text{a}} \tag{6.23}$$

如果点 x 在阴影中，则直接照明被完全阻挡，阴影只包括环境照明，即 $L_x = L^{\text{a}}$。因此，阴影 I_x 中点 x 的 RGB 值和光照区域 I_x^{free} 中的 RGB 值可以表示为

$$\begin{cases} I_x = L^{\text{a}} \cdot R_x \\ I_x^{\text{free}} = (L^{\text{d}} + L^{\text{a}}) \cdot R_x \end{cases} \tag{6.24}$$

没阴影的颜色值为三维随机变量 $I_x = \{R_x, G_x, B_x\}$，光照区域的颜色值为 $I_x^{\text{free}} = \{R_x^{\text{free}}, G_x^{\text{free}}, B_x^{\text{free}}\}$，去除阴影后的颜色估计为 $I''_x = \{R''_x, G''_x, B''_x\}$，用图像生成表示如下：

$$I''_x = (\alpha \cdot L^d + L^a) \cdot R_x \tag{6.25}$$

式中：α 为相对衰减系数，表示直接照度的相对衰减程度。因此，直接照度与环境照度的比值 γ 可表示为

$$\gamma = \frac{L^d}{L^a} = \frac{I^{\text{free}}_x - I_x}{I_x} = \frac{I''_x - I_x}{\alpha \cdot I_x} \tag{6.26}$$

不同于传统光照补偿模型中简单的线性调节关系，本小节认为阴影中的点与去除后的点之间存在复杂的非线性关系。本小节依据参考图像对阴影进行移位、旋转和缩放，并在 RGB 色彩空间中拟合 I''_x。将匹配过程中得到的与阴影相似的局部光照块作为参考图像，参考图像的颜色值为 $I'_x = \{R'_x, G'_x, B'_x\}$。那么，$I''_x$ 可以表示为

$$I''_x = T'^{-1}_x \cdot U'^{-1}_x \cdot S'^{-1}_x \cdot S_x \cdot U_x \cdot T_x \cdot I_x \tag{6.27}$$

$$T_x = \begin{pmatrix} 1 & 0 & 0 & \mu^r_x \\ 0 & 1 & 0 & \mu^g_x \\ 0 & 0 & 1 & \mu^b_x \\ 0 & 0 & 0 & 1 \end{pmatrix}, \quad T'_x = \begin{pmatrix} 1 & 0 & 0 & \mu'^r_x \\ 0 & 1 & 0 & \mu'^g_x \\ 0 & 0 & 1 & \mu'^b_x \\ 0 & 0 & 0 & 1 \end{pmatrix} \tag{6.28}$$

$$U_x \cdot S_x \cdot V^T_x = \text{Cov}_{[R_x \cdot G_x \cdot B_x, 1]} \tag{6.29}$$

$$U'_x \cdot S'_x \cdot V'^T_x = \text{Cov}_{[R'_x, G'_x, B'_x, 1]} \tag{6.30}$$

式中：U_x, U'_x 为左奇异特征矩阵，表示图像旋转过程；S_x, S'_x 为对角矩阵，表示图像缩放过程；T_x, T'_x 为用各自的平均值构造的平移矩阵；$\mu^r_x, \mu^g_x, \mu^b_x$ 为阴影区域 RGB 的平均值；$\mu'^r_x, \mu'^g_x, \mu'^b_x$ 为阴影相关日照区域 RGB 的平均值；$\text{Cov}_{[R_x, G_x, B_x, 1]}$ 为阴影区域的协方差矩阵；$\text{Cov}_{[R'_x, G'_x, B'_x, 1]}$ 为阴影相关日照区域的协方差矩阵；衰减系数 α 根据 I'_x 和 I''_x 定义如下：

$$\alpha = \frac{I'_x - I''_x}{I'_x} \tag{6.31}$$

因此，I^{free}_x 可推导如下：

$$I^{\text{free}}_x = (\gamma + 1) \cdot L^a \cdot R_x = (\gamma + 1) \cdot I_x = \frac{I''_x - (1 - \alpha) \cdot I_x}{\alpha} \tag{6.32}$$

根据式（6.32），通过非线性光照迁移方法，可以消除图像中的阴影，恢复正常的光照信息。

6.3.3 两种光照迁移方法的比较

本小节讨论传统光照迁移方法和改进光照迁移方法的差异。为了更清楚地观察到具体差异，本小节选择不同场景的遥感影像进一步阐述。图 6.5（a）为原始图像，图 6.5（b）为传统光照迁移方法，图 6.5（c）为非线性光照迁移方法。传统的光照迁移方法基于线性映射模型，即认为阴影区域中点的颜色值与其消除阴影后的颜色值存在一种线性关系。传统方法利用线性映射公式，从而可以实现对阴影区域的补偿，结果如图 6.5（b）所示，但是这种补偿方法只限制于材质相同的图像。从图中可以看出，在遥感影像的阴影中，由于地物类型复杂，利用传统光照迁移的方法对阴影内部不同地物补偿的效果很差。而改进之后的光照迁移公式认为，阴影区域和阴影消除后的颜色呈现非线性映射的关系。

从统计学的角度来看，阴影去除的过程其实就是阴影区域在相关的光照块的指导下进行缩放、旋转、平移的非线性拟合过程，拟合效果如图 6.5（c）所示。从图 6.5（c）可以看出，阴影内部不同的地物得到了清晰的恢复，并且不会产生失真。

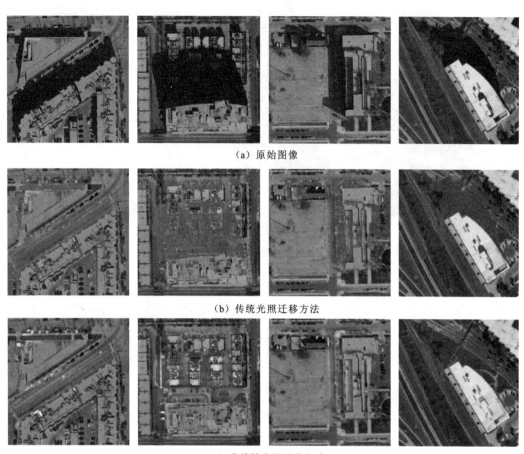

（a）原始图像

（b）传统光照迁移方法

（c）非线性光照迁移方法

图 6.5　两种光照迁移方法的比较

6.4　多尺度细节融合处理

6.4.1　高斯差分金字塔模型

由于遥感影像复杂的地物特征，去除后的阴影区域可能会存在部分地物内部及边缘特征不明显的情况，这同样会影响图像生成质量。本小节对图像的地物特征进行精细化处理，从而提升图像的视觉效果，考虑引入高斯差分金字塔模型，从不同尺度上处理阴影去除后的区域，以突出地物细节特征，图 6.6 展示了多尺度特征细节融合处理的具体过程。

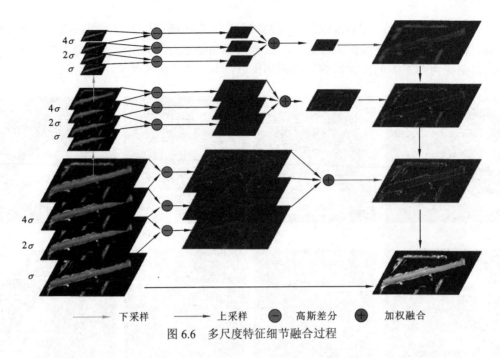

→下采样	→上采样	⊖ 高斯差分	⊕ 加权融合

图 6.6　多尺度特征细节融合过程

高斯变换是实现多尺度空间唯一的线性核函数[104]。尺度空间 $L(x,y,\sigma)$ 是由一组可变尺度的二维高斯函数 $G(x,y,\sigma)$，通过与原始图像 $I(x,y)$ 进行卷积运算形成的图像序列，具体定义如下：

$$L(x,y,\sigma) = G(x,y,\sigma) * I(x,y) \tag{6.33}$$

$$G(x,y,\sigma) = \frac{1}{2\pi\sigma^2} e^{\frac{-(x^2+y^2)}{2\sigma^2}} \tag{6.34}$$

式中：$L(x,y,\sigma)$ 为定义尺度空间；$*$ 表示卷积运算；$I(x,y)$ 为原始图像；x,y 为图像的坐标点；$G(x,y,\sigma)$ 为卷积可变的高斯函数。由式（6.34）可知，尺度空间 $L(x,y,\sigma)$ 由尺度变换因子 σ 来调节空间大小。

通过对原始图像进行尺度变化，可获得图像在多尺度空间下的图像序列。利用这些图像序列可得到在不同尺度下的主轮廓特征，从而实现对该尺度下的特征提取。从高斯金字塔模型构建的角度来看，在一开始，尺度变换因子 σ 过小，图像在小尺度因子下可以检测出小的特征点。随着尺度变化因子成比例增长，图像在高尺度空间中可以检测出高维特征。

建立尺度空间金字塔模型时，将原图扩大一倍视为高斯金字塔的第一组的第一层，用较小的尺度变换因子 σ 进行卷积运算后视为第一组金字塔的第二层。将尺度变换因子 σ 乘以比例系数 k 构成新的尺度变换因子 $k\sigma$，进行卷积运算后得到新的图像视为第一组金字塔的第三层。如此循环往复，最终得到第一组 L 层图像，每层图像的尺寸大小是一样的，对应每层的尺度变换因子分别为：$0,\sigma,k\sigma,k^2\sigma,\cdots,k^{L-2}\sigma$。随着尺度因子的逐渐增大，每层的计算量增大，图像的模糊程度变高。因此当尺度变换因子增加到一定尺度时，对图像进行下采样操作从而减少计算时间复杂度，将图像的长宽缩小为原来的一半作为第二组图像的第一层，随后对下采样后的图采用第一组序列的初始参数进行卷积运算得到新的图像序列，直到达到特定尺度。重复上述过程从而得到整个高斯金字塔模型[105]。

高斯金字塔的每一层图像代表在特定尺度下的图像特征。为了能够更加清晰地检测出图像特征点位置，需要构建高斯差分多尺度空间。其具体过程是需要利用高斯差分（difference of Gaussian，DoG）算子与原图进行卷积运算，也意味着计算每一组相邻两层尺度图像的差值，具体的公式如下：

$$D(x,y,\sigma) = (G(x,y,k\sigma) - G(x,y,\sigma)) * I(x,y) = L(x,y,k\sigma) - L(x,y,\sigma) \tag{6.35}$$

从式（6.35）可以看出，DoG 算子在尺度空间中逐层相减即可得出，简化了计算量。在高斯金字塔模型的基础上，作邻层之间的相减，从而得到由高斯差分图像构建的金字塔模型。为了快速稳定地获得图像的特征点，构建三组图像序列，每一组包含三层差分图像的高斯金字塔模型，如图 6.6 所示。

6.4.2 多尺度特征融合过程

在得到三组三层的高斯差分金字塔模型 $G = \{L\_1, L\_2, L\_3\}$ 后，每一组有三层相同大小的图像序列 $L\_1 = \{D_1, D_2, D_3\}$。对于每一组图像序列，参考 Kim 等[105]提出的暗光增强方法，采用加权融合的方法得到每一组的整体融合图：

$$D_{L1} = (1 - w_1 \cdot \text{sgn}(D_1)) \cdot D_1 + w_2 \cdot D_2 + w_3 \cdot D_3 \tag{6.36}$$

式中：D_{L1} 为第一组图像序列得到的融合图；权重系数 w_1、w_2、w_3 分为 0.5、0.5、0.25。

值得注意的是，当每组图像在第一次高斯差分得到 D_1 时，在差分过程中实际上是扩大了边缘的灰度差异，但是会存在由图像成像过程中过度曝光造成的边缘灰度差异已经饱和的问题。为了解决这个问题，引入 sgn 函数来减少 D_1 正分量，同时放大 D_1 负分量，以达到细节补偿的效果。这种方法既保留了图像的原有细节特征，又避免了边缘像素曝光带来的干扰，以提高图像的细节特征。对每一组图像序列进行上述操作，从而得到每一组的融合图像 $\{D_{L1}, D_{L2}, D_{L3}\}$。将每一组融合图像进行上采样操作，恢复到原始图像的尺寸，添加到原始图像 $\text{origin}_{\text{img}}$，以达到多尺度细节补偿的效果，多尺度特征融合公式如下：

$$\text{restore}_{\text{img}} = (1 - w_1 \cdot \text{sgn}(D_{L1})) \cdot D_{L1} + w_2 \cdot D_{L2} + w_3 \cdot D_{L3} + \text{origin}_{\text{img}} \tag{6.37}$$

6.5 基于曼哈顿距离的动态边界补偿方法

6.5.1 动态边界补偿方法原理

阴影得到去除后，在边缘部分会存在较为明显的裂痕。本小节利用数学形态学的膨胀和腐蚀的方法，得到一条宽为 5 像素的过渡区域 restore_b。首先考虑过渡区域内当前像素点的位置，赋予距离当前像素点近的整体区域（光照与阴影）较高的权重。其中矩形结构的设计是为了分别从阴影区域或光照区域两侧向过渡区域内逐像素处理。其次，考虑边缘的点周围过饱和的像素点会对边界处理造成影响，因此距离当前像素点越近的点应赋予较低的权重，距离边界越远的点应赋予较高的权重。基于这些考虑，本小节参考曼哈顿距离[106]的定义，提出一个动态加权边界补偿（dynamic weighted boundary compensation，MBDC）算法。MBDC 算法示意图如图 6.7 所示。

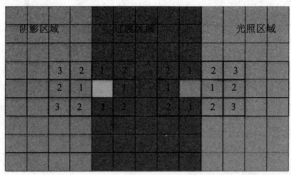

图 6.7　MBDC 算法示意图

MBDC 算法的具体公式为

$$w_{p,q} = \frac{|p| + |q|}{P \times Q}, \quad p, q \in Z, \quad p \in \left(-\frac{P}{2}, \frac{P}{2}\right), \quad q \in \left(-\frac{Q}{2}, \frac{Q}{2}\right) \tag{6.38}$$

$$\overline{w}_{p,q} = \frac{w_{p,q}}{\sum\limits_{p} \sum\limits_{q} w_{p,q}} \tag{6.39}$$

$$\text{Final}(i, j, k) = \sum_{p} \sum_{q} \overline{w}_{i+p, i+q} \times \text{restore}_b (i+p, j+q, k), \quad k \in \{R, G, B\} \tag{6.40}$$

式中：$w_{p,q}$ 根据曼哈顿距离定义，矩形窗口大小为式（6.38）中的 $P \times Q$；$\overline{w}_{p,q}$ 为计算后的归一化权值；restore_b 为经过多尺度特征细节融合处理后的过渡区域；$\text{Final}(i, j, k)$ 为经过加权计算后的最终边界值。结合阳光和阴影区域的位置，分别在 R、G、B 通道中计算过渡区域的点 (i, j)，从而实现阴影区域与光照区域边界的自然过渡。基于曼哈顿距离的动态边界补偿算法伪代码如表 6.1 所示。

表 6.1　基于曼哈顿距离的动态边界补偿算法伪代码

算法：基于曼哈顿距离的动态边界补偿算法
输入：去除本影区域的图像过渡区域，restore_b；
输出：经历补偿后的图像 Final
1.　初始化：过渡区域内的像素值为 0。$\text{Final}(i, j, k) = 0$；
2.　判断像素点是否为半影区域（是为 1，否则为 0）；
3.　判断标记像素点周围光照区域与全影的位置；
4.　计算矩形框（Ω）内各个位置的归一化权重 w；
5.　$w_{m,n} = \dfrac{\text{abs}(m) + \text{abs}(n)}{\text{sum}(\Omega) \cdot \sum\limits_{m} \sum\limits_{n} w_{m,n}}$
6.　在 R、G、B 通道内计算过渡区域像素点 $\text{Final}(i, j, k)$ 的补偿值；
7.　**For** $k = \{R, G, B\}$
8.　　**If** $\text{shadow}(i, j - \dfrac{P}{2}) = 255$
9.　　　**for** $m = -\dfrac{P}{2} : \left(\dfrac{P}{2} - 1\right)$

10.   **for** $n = -\dfrac{Q}{2} : \dfrac{Q}{2}$

11. $\text{Final}\,(i,j,k) = \dfrac{\text{abs}\,(m) + \text{abs}(n)}{\text{sum}\,(\Omega)\sum\limits_{m}\sum\limits_{n} w_{m,n}} \cdot \text{restore}_b(i+m, j+n, k)\,;$

12.   **end**

13.   **end**

14.   **else**

15.   **for** $m = \left(-\dfrac{p}{2}+1\right) : \dfrac{p}{2}$

16.   **for** $n = -\dfrac{Q}{2} : \dfrac{Q}{2}$

17. $\text{Final}\,(i,j,k) = \dfrac{\text{abs}\,(m) + \text{abs}(n)}{\text{sum}\,(\Omega)\cdot\sum\limits_{m}\sum\limits_{n} w_{m,n}} \cdot \text{restore}_b(i+m, j+n, k)\,;$

18.   **end**

19.   **end**

20. **end**

21. **Return** Final

6.5.2　不同边界处理方法的比较

本小节比较高斯滤波器和中值滤波器的边界处理效果，结果如图6.8所示。图6.8（a）为放大后未处理图像，可以看到，边界得到了部分补偿，但边界周围仍出现异常像素。图6.8（b）为高斯滤波图像，从中可以发现边界处仍有明显的裂纹。这是因为高斯滤波是一个区域加权平均的过程，像素越接近边界权重越大。边界附近的过饱和像素所占权重较大，导致高斯滤波处理的平滑度较差。图6.8（c）为中值滤波处理后的图像，在边界处也存在明显的裂纹。这种糟糕的效果可以归因于该方法忽略了边界周围点的位置。此外，中值的计算会使边缘信息"模糊"，从而丢失大量特征。基于曼哈顿距离的MBDC算法首先考虑当前像素在过渡区域的位置，因此靠近区域（阳光或阴影）的像素被赋予更高的权重，相反，靠近边界的像素被赋予更低的权重。该操作可以实现边界相邻区域的自然过渡，并缓解边界周围像素过饱和造成的干扰，该方法的最终边界处理结果如图6.8（d）所示。

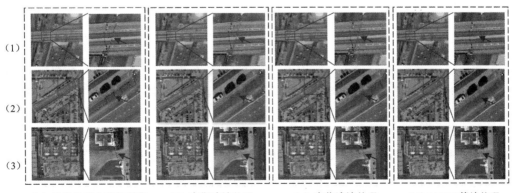

（a）边界处理之前的图像　（b）高斯滤波处理　（c）中值滤波处理　（d）MBDC算法处理

图6.8　不同边界处理方法的比较

第7章 基于区域分组匹配的阴影去除方法

遥感影像中阴影对影像质量和信息提取造成了不可忽视的挑战。高分辨率遥感影像的阴影去除，就是在不破坏阴影区域原有地物特征结构的基础之上，恢复阴影区域地物原有的颜色及纹理信息，获取高质量的无阴影遥感影像。因此，本章在前文基础上，设计一种基于区域分组匹配的自适应色彩转移阴影去除算法，从统计学角度入手，对于阴影区域中不同类型地物，使用与之相匹配的光照区域来指导该区域内部地物色彩信息的恢复，能够兼顾整体与局部的阴影去除效果，恢复阴影区域地物局部细节特征。

7.1 基于三维颜色空间的不规则区域色彩转移方法

阴影去除的经典方法通常基于阴影形成的数学模型，根据成像原理推导出一个线性仿射变换公式来完成从阴影区域到无阴影区域的色彩迁移。然而遥感成像场景不同于自然场景，其地物类型更加复杂，场景内部细节较多。因此，通过线性仿射变换来进行阴影去除工作效果并不理想。针对以上问题，本节提出一种基于三维颜色空间的不规则区域色彩转移方法，其应用于遥感成像场景下的阴影去除效果更好，适应性更强。

7.1.1 阴影形成的光照数学模型

在遥感成像场景下，太阳可被视作距离地球表面无穷远处的光源，其发出的光照射在地球表面的各种场景中。而在这些场景中，除太阳直射光以外，还有着一部分环境光，如散射的天空光和其他物体的反射光，二者相结合从而形成阴影。根据图像形成原理可知，在一幅图像中，人眼所能感受到的图像强度是由场景中物体表面反射率及所受到的光照强度共同决定的。我们将观察到的图像中的某点的像素值当作 I，该点反射率为 R、入射光光照强度为 L，则 I 可由二者乘积表示如下：

$$I(x) = R(x) \cdot L(x) \tag{7.1}$$

由于阴影区域的地物仅受环境光影响，因此阴影区域的某点的像素值可由入射光中的漫反射光光照强度 L_0 以及反射率 R 表示为

$$I(x) = R(x) \cdot L_0(x), \quad L_0(x) < L(x) \tag{7.2}$$

基于该模型，Shor 等[52]提出了一种新的阴影形成模型，这种模型基于放射变换形式来完善该模型对于图像的表示。对于图像中非阴影区域像素点来说，其光照强度等于直射光光照强度与环境光光照强度之和，可表示为

$$L(x) = L^d(x) + L^a(x) \tag{7.3}$$

式中：L^{d} 为直射光光照强度；L^{a} 为环境光光照强度。因此非阴影区域像素点的像素值可表示为

$$I^{\text{Non-shadow}}(x) = L^{\mathrm{d}}(x) \cdot R(x) + L^{\mathrm{a}}(x) \cdot R(x) \tag{7.4}$$

而对于阴影区域，由于直射光被建筑物等遮挡，导致该区域仅受到环境光的影响，因此阴影区域像素点的像素值可表示为

$$I^{\text{Shadow}}(x) = \alpha \cdot L^{\mathrm{a}}(x) \cdot R(x) \tag{7.5}$$

其中 α 为阴影区域某点的环境光的衰减系数，联合式（7.4）和式（7.5），对于阴影区域的某点 x 经过仿射变换可以得到该点在正常光照情况下的无阴影点像素值：

$$I^{\text{Shadow-free}}(x) = L^{\mathrm{d}}(x) \cdot R(x) + \frac{1}{\alpha} \cdot I^{\text{Shadow}}(x) \tag{7.6}$$

经典的光照迁移方法就是通过上述模型来实现阴影区域的阴影去除工作的。但是，这种线性关系仅仅适用于图像较为单一的情况。而对于复杂的遥感成像场景，通常场景中地物类型较多且地物反射率不同，导致地物在阴影干扰下的衰减程度并不总是相同。因此，这种经典的光照迁移方法对遥感影像的阴影去除并不是最优解。

7.1.2 不规则区域的色彩矩阵提取

影像中的地物类型位置分布较为随机多变，且阴影区域与非阴影区域形状通常表现为不规则块。因此，本小节首先制定针对不规则区域的色彩矩阵提取规则。图 7.1 所示为不规则区域示意图。

（a）原始图像　　　　　　（b）阴影区域不规则块　　　　　（c）非阴影区域不规则块

图 7.1　不规则区域示意图

将图 7.1 中黑色背景作为背景区域，阴影或非阴影区域不规则块作为前景区域。然后统计图 7.1（b）中前景区域的像素总数，记为 n，然后创建一个 $3 \times n$ 的空矩阵 matrixS。分别提取图 7.1（b）中的每个像素点在 R、G、B 三个颜色分量的值到矩阵 matrixS 中，每行存储一个颜色分量。具体操作如下：①从图 7.1（b）的第一列的首个像素开始遍历，判断该像素点是否属于前景区域，若属于前景区域，则将该像素点在 R 分量的像素值赋值给矩阵 matrixS 的第一行第一个元素；②按照上述方法遍历第一列剩下的元素，并按照遍历顺序将每一个前景区域像素点在 R 分量的像素值赋值给矩阵 matrixS 的第一行；③当第一列遍历结束之后，继续从第二列的第一个元素开始遍历，直到整个图 7.1（b）

遍历完，此时所有前景区域像素点的 R 分量像素值都存储在了 matrixS 的第一行中。

按照上述步骤分别提取图 7.1 (b) 中前景区域像素点的 G 分量和 B 分量像素值，并且分别将其存储在 matrixS 的第二行和第三行中。此时，可以得到一个阴影区域不规则块的色彩矩阵。

统计图 7.1(c) 中前景区域的像素总数，记为 m，然后创建一个 $3 \times m$ 的空矩阵 matrixR。分别提取图 7.1 (c) 中的每个像素在 R、G、B 三个颜色分量的值到矩阵 matrixR 中，每行存储一个颜色分量，提取步骤与图 7.1 (b) 相同，最终得到一个非阴影区域不规则块的色彩矩阵。

7.1.3 三维颜色空间下不规则区域色彩转移方法设计

将阴影区域视作源图像，非阴影区域视作参考图像。从统计学角度来看，在三维颜色空间中，每个像素值都可视为一个三维随机变量，将源图像的所有像素值视为一组样本，则这组样本表现为一定形状的三维数据点簇，同理也可获得参考图像的三维数据点簇形状。然后联合源图像的色彩矩阵 matrixS 及参考图像的色彩矩阵 matrixR，通过矩阵运算方式可以对阴影区域的像素数据进行旋转、平移和缩放，从而得到与非阴影三维数据点簇相匹配的结果图像。

首先，对矩阵 matrixS、matrixR 分别计算源图像和参考图像的 R、G、B 平均值，结果分别记作 $(\bar{R}_s, \bar{G}_s, \bar{B}_s)$ 和 $(\bar{R}_r, \bar{G}_r, \bar{B}_r)$；分别计算矩阵协方差，结果记作 $\mathbf{Cov}_s$ 和 $\mathbf{Cov}_r$。对协方差矩阵进行奇异值分解。如下式所示：

$$\mathbf{Cov}_s = U_s * \Sigma_s * V_s^{\mathrm{T}} \tag{7.7}$$

$$\mathbf{Cov}_r = U_r * \Sigma_r * V_r^{\mathrm{T}} \tag{7.8}$$

式中：U_s、V_s^{T} 和 U_r、V_r^{T} 分别为由 $\mathbf{Cov}_s$ 和 $\mathbf{Cov}_r$ 的特征向量组成的正交矩阵；Σ_s 和 Σ_r 分别为由 $\mathbf{Cov}_s$ 和 $\mathbf{Cov}_r$ 的奇异值组成的非负对角矩阵，可以表示为

$$\Sigma_s = \begin{pmatrix} \lambda_s^{\mathrm{R}} & 0 & 0 \\ 0 & \lambda_s^{\mathrm{G}} & 0 \\ 0 & 0 & \lambda_s^{\mathrm{B}} \end{pmatrix}, \quad \Sigma_r = \begin{pmatrix} \lambda_r^{\mathrm{R}} & 0 & 0 \\ 0 & \lambda_r^{\mathrm{G}} & 0 \\ 0 & 0 & \lambda_r^{\mathrm{B}} \end{pmatrix} \tag{7.9}$$

最后，对源图像的像素点簇经过以下旋转、平移及缩放操作来得到与参考图像像素点簇相匹配的结果图像，从而得到阴影区域初步阴影去除结果：

$$I = T_{\mathrm{ref}} R_{\mathrm{ref}} S_{\mathrm{ref}} S_{\mathrm{src}} R_{\mathrm{src}} T_{\mathrm{src}} I_{\mathrm{src}} \tag{7.10}$$

式中：$I_{\mathrm{src}} = (R_s, G_s, B_s, 1)^{\mathrm{T}}$ 和 $I = (R, G, B, 1)^{\mathrm{T}}$ 分别为源图像和经过旋转平移缩放操作后的结果图像在 RGB 空间中像素点的齐次坐标；$R_{\mathrm{ref}}, R_{\mathrm{src}}, T_{\mathrm{ref}}, T_{\mathrm{src}}, S_{\mathrm{ref}}$ 和 S_{src} 分别为参考图像和源图像的旋转、平移和缩放矩阵，定义如下。

旋转矩阵：

$$R_{\mathrm{ref}} = U_r, \quad R_{\mathrm{src}} = U_r \tag{7.11}$$

平移矩阵：

$$\boldsymbol{T}_{\text{ref}} = \begin{pmatrix} 1 & 0 & 0 & t_{\text{ref}}^{\text{r}} \\ 0 & 1 & 0 & t_{\text{ref}}^{\text{g}} \\ 0 & 0 & 1 & t_{\text{ref}}^{\text{b}} \\ 0 & 0 & 0 & 1 \end{pmatrix}, \quad \boldsymbol{T}_{\text{src}} = \begin{pmatrix} 1 & 0 & 0 & t_{\text{src}}^{\text{r}} \\ 0 & 1 & 0 & t_{\text{src}}^{\text{g}} \\ 0 & 0 & 1 & t_{\text{src}}^{\text{b}} \\ 0 & 0 & 0 & 1 \end{pmatrix} \tag{7.12}$$

缩放矩阵：

$$\boldsymbol{S}_{\text{ref}} = \begin{pmatrix} S_{\text{ref}}^{\text{r}} & 0 & 0 & 0 \\ 0 & S_{\text{ref}}^{\text{g}} & 0 & 0 \\ 0 & 0 & S_{\text{ref}}^{\text{b}} & 0 \\ 0 & 0 & 0 & 1 \end{pmatrix}, \quad \boldsymbol{S}_{\text{src}} = \begin{pmatrix} S_{\text{src}}^{\text{r}} & 0 & 0 & 0 \\ 0 & S_{\text{src}}^{\text{g}} & 0 & 0 \\ 0 & 0 & S_{\text{src}}^{\text{b}} & 0 \\ 0 & 0 & 0 & 1 \end{pmatrix} \tag{7.13}$$

式中：$t_{\text{ref}}^{\text{r}} = \overline{R}_r$，$t_{\text{ref}}^{\text{g}} = \overline{G}_r$，$t_{\text{ref}}^{\text{b}} = \overline{B}_r$，$S_{\text{ref}}^{\text{r}} = \lambda_r^R$，$S_{\text{ref}}^{\text{g}} = \lambda_r^G$，$S_{\text{ref}}^{\text{b}} = \lambda_r^B$；$t_{\text{src}}^{\text{r}} = -\overline{R}_r$，$t_{\text{src}}^{\text{g}} = -\overline{G}_r$，$t_{\text{src}}^{\text{b}} = -\overline{B}_r$，$S_{\text{src}}^{\text{r}} = \lambda_r^{R^{-1}}$，$S_{\text{src}}^{\text{g}} = \lambda_r^{G^{-1}}$，$S_{\text{src}}^{\text{b}} = \lambda_r^{B^{-1}}$；下标 ref 和 src 分别表示参考图像和源图像。

图 7.2 所示为色彩转移结果，其中图 7.2（a）为阴影区域中某不规则块，即源图像，图 7.2（b）为与之相匹配的非阴影区域中某不规则块即参考图像。提取出两幅图像的色彩矩阵后，在参考图像的指导下对源图像进行色彩转移得到结果图像如图 7.2（c）所示，经过本节方法处理后的阴影区域已经被重新照亮，并且内部细节也得到了清晰的恢复。

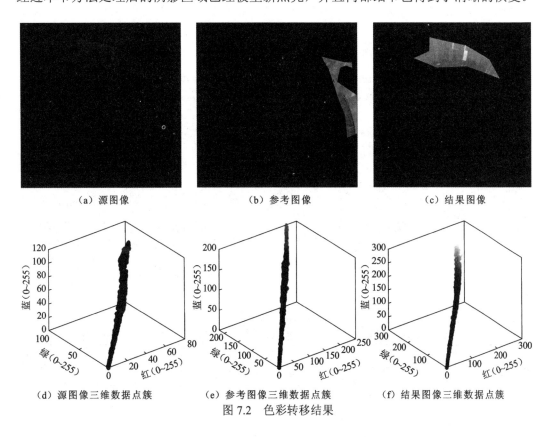

（a）源图像　　　　　　　　（b）参考图像　　　　　　　　（c）结果图像

（d）源图像三维数据点簇　　（e）参考图像三维数据点簇　　（f）结果图像三维数据点簇

图 7.2　色彩转移结果

图 7.2（d）、图 7.2（e）分别表示源图像的三维数据点簇及参考图像的三维数据点簇。由图 7.2（f）可以看到，经过色彩转移处理后，结果图像的三维数据点簇形状和色调与参考图像三维数据点簇相似，从而保证了源图像与参考图像保持一致的色调。

7.2 阴影区域初步光照恢复

阴影的存在导致遥感影像中地物的颜色、纹理信息均有不同程度的损失，为了提高后续分组匹配精度，本节对阴影区域进行初步光照恢复，以增强阴影区域内地物的颜色和纹理信息。

根据阴影区域掩膜可以将整幅影像分为阴影区域和光照区域两部分，考虑地物空间距离越近则相似性越高，采用阴影区域周围的光照区域部分对整个阴影区域进行初步的阴影去除。

边界线提取是图像处理中的一个重要任务，根据阴影区域掩膜图可提取阴影区域边界线，目标是从图像中准确提取出目标或场景中的边缘部分。本节采用 Canny 算子进行阴影边界线提取。然后对阴影区域边界线进行膨胀操作，膨胀类似"领域扩张"，将图像的某部分向外扩张，其可表达如下式：

$$X \oplus Y = \{\sigma \,|\, (Y)_\sigma \bigcap X \neq \Theta\} \tag{7.14}$$

通过膨胀操作得到阴影边界膨胀区域后，使用该区域裁剪光照区域，得到阴影区域周围的部分光照区域。图 7.3 所示为初步光照恢复数据准备，其中图 7.3（a）为原始图像，图 7.3（b）与图 7.3（c）分别表示阴影区域与光照区域，图 7.3（d）为边界膨胀结果，图 7.3（e）表示阴影区域周围的部分光照区域。

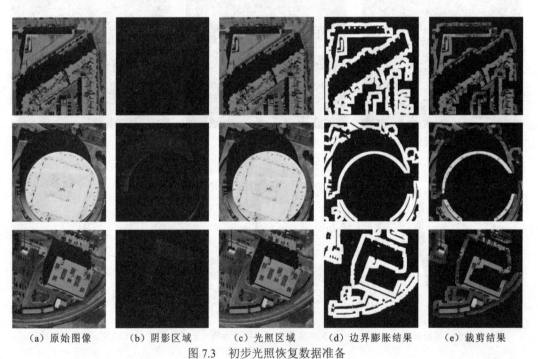

（a）原始图像　　　（b）阴影区域　　　（c）光照区域　　　（d）边界膨胀结果　　　（e）裁剪结果

图 7.3　初步光照恢复数据准备

当使用边界膨胀结果裁剪得到阴影区域周围的部分光照区域之后，将阴影区域视作源图像，裁剪结果作为参考图像，使用提出的基于三维颜色空间的不规则区域色彩转移方法对阴影区域进行一次初步的光照恢复。图 7.4 所示为阴影区域初步光照恢复结果，可以看出，阴影区域内部的颜色纹理等信息有了一定的增强，但是在局部仍存在问题。例如：图 7.4（a）中上方草坪颜色偏灰白，而不是正常的绿色，道路也有曝光过度的情况；在图 7.4（b）中阴影区域颜色发灰并且明显偏暗；图 7.4（c）中同样可以看到道路部分明显偏白偏亮，颜色不够自然。但是总的来说，阴影区域的初步光照恢复有一定的效果，可为后续的分组匹配操作提供基础。

（a）初步光照恢复示例1　　　　　（b）初步光照恢复示例2　　　　　（c）初步光照恢复示例3

图 7.4　初步光照恢复结果

7.3　纹理特征提取

　　遥感影像地物错综复杂，并且阴影的存在导致地物的颜色、纹理、几何特征等信息有着不同程度的损失，即使对阴影区域已经进行了初步的阴影去除，也仍不可能完全消除这些影响，因此，对于纹理特征提取需要考虑光照不变性。此外，纹理特征通常反映图像或区域的细微结构和重复模式，在某些场景下，这些结构可能会在特定方向上具有重要的信息。然而，遥感影像中地物分布方向随机多变，无法预先设定纹理特征提取方向，因此，在纹理特征提取过程中也需要考虑方向问题。综合以上问题，本节仍使用 6.1 节提出的方向自适应的光照无关特征提取方法来提取影像纹理特征。除此之外，引入总变差正则化[107]来对所提取的纹理特征图进行去噪处理，该方法相较于梯度倒数加权能够更多地保留内部信息。

　　总变差正则化是一种在图像处理领域常用的正则化技术，该技术主要用于平滑图像并减小图像中的噪声，同时保留图像的边缘和结构信息。其原理是通过最小化图像的总变差（总变差是指图像中相邻像素之间的差异的累积和），从而降低图像中的高频噪声，实现图像平滑去噪。

　　基于局部二值模式 LBP 的纹理特征提取算法不受光照的影响，并且计算过程比较简单，但在纹理特征提取过程中不能很好地捕捉细粒度的纹理，容易受高频噪声的影响。基于提取到的图像纹理特征图进行总变差正则化处理，通过最小化图像总变差，使图像的梯度在平滑区域保持较小的值，而在边缘或纹理区域保持较大的值，从而实现对图像的去噪。

　　对于一幅待处理图像，其总变差可定义为每个像素与其相邻像素的像素值的绝对值之和，可表示为

$$\text{TV}(L) = \sum_{i,j} \left| L_{i+1,j} - L_{i,j} \right| + \left| L_{i,j+1} - L_{i,j} \right| \tag{7.15}$$

式中：$L_{i,j}$ 为坐标为 (i,j) 的像素点的像素值。

总变差正则化过程则通过将总变差加入到损失函数中实现，正则化的计算过程可描述如下：

$$\text{minimize}(L) = \sum_{i,j} (F_{i,j} - L_{i,j})^2 + \lambda \cdot \text{TV}(L) \tag{7.16}$$

式中：$F_{i,j}$ 为原始图像在坐标 (i,j) 处的像素值；λ 为正则化参数，用于控制总变差在损失函数中的权重。

图 7.5 所示为将正则化权重 λ 设定为 0.4 的纹理特征提取过程。引入正则化参数对图像梯度范数进行抑制，可在图像梯度平滑区域保持较小的值，而在图像梯度变化剧烈的边缘或纹理区域保持较大的值。

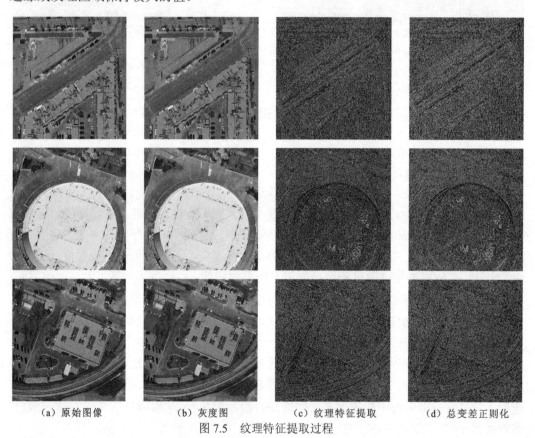

（a）原始图像　　　　　（b）灰度图　　　　　（c）纹理特征提取　　　　（d）总变差正则化

图 7.5　纹理特征提取过程

7.4　阴影区域和非阴影区域的内部分组

7.4.1　图像分割处理

阴影区域经过初步光照恢复后，颜色特征与纹理特征得到了增强，此时将经过初步光照恢复的阴影区域及非阴影区域分别进行图像内部分割。均值漂移图像分割算法是一种根据像素点簇空间关系和颜色特征来分割图像的无监督自适应图像分割算法，并且具有较好的鲁棒性和自适应性，能够有效地处理非线性分布和多尺度的图像数据。其涉及如下公式：

$$y'_{i,j} = \frac{\sum\limits_{k=1}^{N} y_{i,j} \cdot G\left(\left\|\frac{\Omega_k - y_{i,j}}{t}\right\|^2\right)}{\sum\limits_{k=1}^{N} G\left(\left\|\frac{\Omega_k - y_{i,j}}{t}\right\|^2\right)}, \quad t = \{t_s, t_c\} \tag{7.17}$$

$$\Delta \mathbf{y} = \left\| y'_{i,j} - y_{i,j} \right\| \tag{7.18}$$

式中：$y'_{i,j}$ 为更新后的聚类中心；$y_{i,j}$ 为更新前的聚类中心；Ω_k 为满足空间阈值和颜色阈值的点集合；t 为空间阈值 t_s 和颜色阈值 t_c 的集合；$\Delta \mathbf{y}$ 为均值漂移向量，满足收敛条件 $\Delta \mathbf{y} < \varepsilon$ 时结束聚类过程。由于图像中相同的地物的颜色与材质相似，通过不断聚类，最终可将整个图像划分为多个不规则块。

图 7.6 所示为使用均值漂移图像分割算法分别将初步光照恢复后的阴影区域与非阴影区域进行图像分割的结果。可以看出，由于阴影区域已经经过初步光照恢复，内部地物颜色特征得到了增强，因此图像分割结果较好。

（a）初步光照恢复结果　　　　　（b）阴影区域图像分割　　　　　（c）非阴影区域图像分割

图 7.6　图像分割结果

7.4.2　分割后图像的内部分组

经过图像分割后，阴影区域和非阴影区域在一定空间范围内的同一地物类别被分割为单独的不规则区域。由于空间距离关系，阴影区域内部和非阴影区域内部存在具有相似特征的区域被分割成不同块的情况，此时可对不同分割区域再次进行粗分组，以避免后续匹配过程因部分图像块尺寸过小而造成匹配结果异常。

由于 LAB 颜色空间将亮度和色度分开表示，颜色信息与亮度信息完全分离，这种分离性使得 LAB 颜色空间能够更好地处理和分析颜色信息，并且 LAB 颜色空间在色度通道（a, b）中的坐标表示更接近于人类视觉系统对颜色的感知，色彩映射和颜色匹配等操作更加直观和准确，因此本书选择使用 LAB 颜色空间来进行颜色特征表示并根据颜色矩原理进行粗分组。

颜色矩是一种简单而有效的颜色特征表示方法，其数学基础是使用矩来表示图像中的颜色分布。颜色分布信息主要集中在低阶矩中，因此仅使用颜色的低阶矩就可以充分表达图像的颜色分布。

一阶颜色矩，定义每个颜色分量的平均强度，其定义如下：

$$\mu_i = \frac{1}{N}\sum_{j=1}^{N} P_{ij} \tag{7.19}$$

二阶颜色矩，用来反映待测区域的颜色方差，其定义如下：

$$\sigma_i = \left[\frac{1}{N}\sum_{j=1}^{N}(P_{ij}-\mu_i)^2\right]^{\frac{1}{2}} \tag{7.20}$$

三阶颜色矩，用来反映颜色对称性，其定义如下：

$$s_i = \sqrt[3]{\frac{1}{N}\sum_{j=1}^{N}(P_{ij}-\mu_i)^3} \tag{7.21}$$

式中：μ_i 为每个颜色分量的平均强度；σ_i 为颜色方差；P_{ij} 为第 j 个像素的第 i 个颜色分量；N 为总的像素数量。

通过上述操作，可将阴影区域内部地物进行粗分组得到若干阴影组 ShadowGroup1, ShadowGroup2,ShadowGroup3,⋯，将非阴影区域内部地物进行粗分组得到若干非阴影组 No-ShadowGroup1,No-ShadowGroup2,No-ShadowGroup3,⋯。图 7.7 所示为部分阴影与非阴影区域内部分组结果。

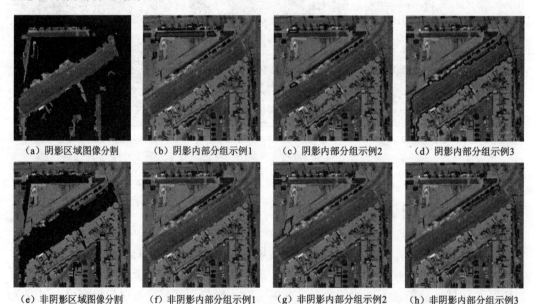

| （a）阴影区域图像分割 | （b）阴影内部分组示例1 | （c）阴影内部分组示例2 | （d）阴影内部分组示例3 |

| （e）非阴影区域图像分割 | （f）非阴影内部分组示例1 | （g）非阴影内部分组示例2 | （h）非阴影内部分组示例3 |

图 7.7　阴影与非阴影区域内部分组结果

7.5 基于平均纹理特征向量的分组匹配及阴影区域局部增强

遥感影像中地物较为复杂，且材质多样，在阴影区域中往往存在多种地物，它们往往颜色、纹理等均不相同。如果直接对阴影区域整体进行处理，很难兼顾阴影区域中所有地物的阴影去除效果，从而导致局部细节损失、整体效果失真等情况的出现。本节基于阴影区域与非阴影区域的内部分组情况，根据提取出的纹理特征，构建每组区域的平均纹理特征向量，并基于此将每一组阴影组与光照组进行分组匹配，对于已经经过初步光照恢复的阴影区域，利用具有相同材质、纹理以及颜色的非阴影组对其再进行局部增强，从而实现阴影区域内部不同的地物特征更加明显，并保证影像视觉效果。

7.5.1 构造阴影组及光照组的平均纹理特征向量

前文已经对阴影区域进行了初步光照恢复，阴影区域的颜色、纹理等特征信息已经得到一定程度的增强，并且利用旋转不变的光照无关纹理特征提取方法，能够避免阴影存在及光照强度变化对图像纹理特征的干扰。此外，若使用高维度的视觉特征矩阵来描述阴影组及光照组的特征信息，将不可避免地导致计算复杂度过大，从而影响算法整体效率，因此，本小节构建一维特征向量来对每一组区域进行颜色纹理特征信息描述，从而降低计算复杂度，提高效率。

根据阴影组和光照组的分组情况，利用图像在 R、G、B、H、S、V、L、a、b 灰度通道纹理特征图来提取图像的局部纹理特征矩阵 L_R^r、L_G^r、L_B^r、L_H^r、L_S^r、L_V^r、L_L^r、L_a^r、L_b^r。此外，考虑图像中的空间信息，提取图像在 X、Y 两个梯度方向的局部纹理特征矩阵 L_X^r、L_Y^r。

在提取出图像 9 个颜色通道及 2 个梯度方向共 11 个灰度图的局部纹理特征矩阵后，基于此构造每组不规则区域的一维均值特征向量 $F_v = [\mu_R, \mu_G, \mu_B, \mu_H, \mu_S, \mu_V, \mu_L, \mu_a, \mu_b, \mu_X, \mu_Y]$，用来描述当前组特征信息，该一维均值特征向量包含 9 个颜色通道及 2 个梯度方向的纹理统计信息，并且不受光照情况的影响，在有效地描述不规则区域特征信息的同时，可避免矩阵维度过高导致的计算复杂问题。每组不规则区域的一维均值特征向量构造方式如下：

$$\mu_k = \frac{1}{N} \sum_{n=1}^{N} L_k^r(i,j) \tag{7.22}$$

式中：k 为灰度通道；N 为当前组像素点总数；(i,j) 为当前像素点的坐标；μ_k 为当前组在灰度通道 k 中的平均纹理特征值。

7.5.2 阴影组与光照组之间的分组匹配

在对所有阴影组及光照组构造完一维均值特征向量后，需要考虑阴影组与光照组之间的相似度度量问题，若使用一些高维矩阵来描述图像信息，则不可避免地需要对矩阵进行分解降维后进行相似度度量，例如经典的 Cholesky 分解、奇异值分解等矩阵降维方式。而本书构造的一维均值特征向量自身就处在欧几里得空间上，因此可以直接通过简单的计算来衡量两个特征向量之间的距离，从而筛选出每组阴影组与之最相似的光照组。

记阴影组 G_{shadow} 的均值特征向量为

$$[\mu_R^{Rsd}, \mu_G^{Rsd}, \mu_B^{Rsd}, \mu_H^{Rsd}, \mu_S^{Rsd}, \mu_V^{Rsd}, \mu_L^{Rsd}, \mu_a^{Rsd}, \mu_b^{Rsd}, \mu_X^{Rsd}, \mu_Y^{Rsd}]$$

光照组 G_{sunlit} 的均值特征向量为

$$[\mu_R^{Nsd}, \mu_G^{Nsd}, \mu_B^{Nsd}, \mu_H^{Nsd}, \mu_S^{Nsd}, \mu_V^{Nsd}, \mu_L^{Nsd}, \mu_a^{Nsd}, \mu_b^{Nsd}, \mu_X^{Nsd}, \mu_Y^{Nsd}]$$

则该阴影组和光照组之间的欧氏距离可表示为

$$\mathrm{ED} = \sqrt{\sum_{i=1}^{N}(G_{shadow}(i) - G_{sunlit}(i))^2} \qquad (7.23)$$

式中：N 为均值特征向量列数；i 为列的下标。

使用式（7.23）计算每一组阴影组与其他所有光照组之间的欧氏距离后，根据距离大小进行排序，即可得到每组阴影组与所有光照组之间相似度从大到小的排序结果。

由于已经对阴影区域进行了整体光照恢复，阴影区域中每组阴影组的颜色、纹理等特征应和具有相同土地覆盖类型的光照组相近，基于此可以对匹配好的阴影组和光照组进行二次筛选。

二次筛选流程如图 7.8 所示。对于阴影组 G_{shadow}^1，可得到其与光照组之间的相似度排序 $G_{sunlit}^1, G_{sunlit}^2, G_{sunlit}^3, \cdots$。因此，可以从与之相似度最高的光照组 G_{sunlit}^1 开始筛选，若阴影组 G_{shadow}^1 与光照组 G_{sunlit}^1 的颜色特征差（颜色矩）小于某一阈值（阈值可根据图像质量设置，不宜太大），则选定该光照组 G_{sunlit}^1 作为阴影组 G_{shadow}^1 分组匹配的最终结果；若大于阈值，则认为该光照组 G_{sunlit}^1 匹配不准确，选择光照组 G_{sunlit}^2 再次进行判断，以此类推。若前三组光照组均不满足条件，则不再继续判断，该区域选择整体阴影去除结果作为最终结果。

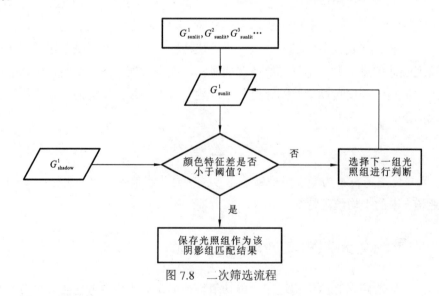

图 7.8　二次筛选流程

图 7.9 所示为 4 组阴影组与光照组之间的匹配过程。其中图 7.9（a）～（d）表示初始的阴影组与相似度最高的三组光照组匹配结果。图 7.9（e）～（h）为最终的分组匹配结果，从图中可以看出，经过二次筛选过后，阴影组与光照组最终匹配结果更加准确，阴影组与光照组的地物类型相同，并且具有相似的颜色纹理信息。而由图 7.9（d）与图 7.9（h）可以看出，匹配异常的情况在二次筛选过后得到了校正，该部分可使用整体阴影去除结果作为最终结果。

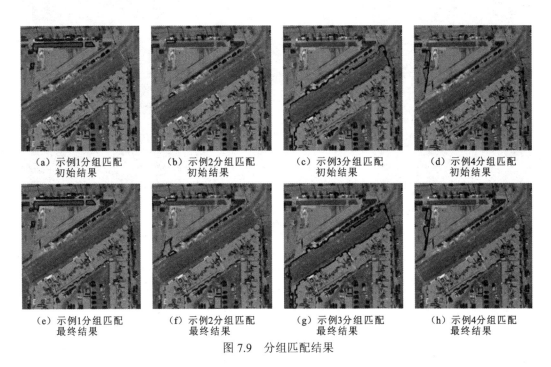

(a) 示例1分组匹配初始结果　　(b) 示例2分组匹配初始结果　　(c) 示例3分组匹配初始结果　　(d) 示例4分组匹配初始结果

(e) 示例1分组匹配最终结果　　(f) 示例2分组匹配最终结果　　(g) 示例3分组匹配最终结果　　(h) 示例4分组匹配最终结果

图 7.9　分组匹配结果

7.5.3　阴影区域局部增强

在阴影组与光照组分组匹配之后，对于每一组阴影组都使用与之相匹配的光照组进行一对一的处理，结果如图 7.10 所示。由图 7.10（a）可以看到，在初步光照恢复时，上方颜色偏灰白的草坪经过局部增强处理已经恢复成正常的颜色，并且曝光过度的道路部分也有了改善。从图 7.10（b）中可以看出，原本灰色偏暗的广场地面也已经恢复到正常的颜色，并且纹理细节更加明显。从图 7.10（c）中同样可以看到，道路两边在初步光照恢复时有明显色差，而经过局部增强处理后，道路颜色恢复正常，两边色差得到有效消除。

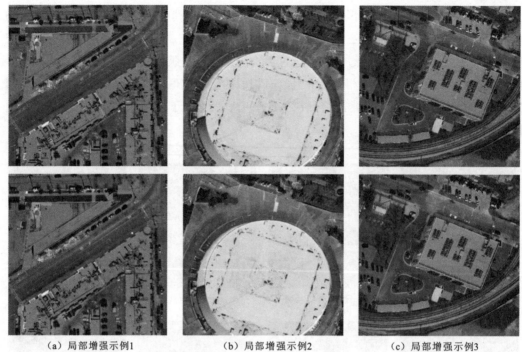

(a) 局部增强示例1　　　　(b) 局部增强示例2　　　　(c) 局部增强示例3

图 7.10　初步光照恢复后局部增强结果

7.6　顾及空间与值域信息的动态加权边界优化

在遥感影像阴影去除操作之后，会在影像原阴影边界部分产生边缘效应，边缘效应的存在会降低图像质量并破坏图像视觉连贯性。本节介绍常用的滤波器处理方法，并设计一种顾及空间结构信息与值域信息的动态加权边界优化算法来针对边界部分进行修复，最终完成阴影边界部分的优化修复。

7.6.1　"裂痕"边界的常用滤波器处理方法

对于影像去除后边界部分出现的"裂痕"现象，最常用的处理方法是在边界附近应用局部平滑和滤波，以减少异常点。其中，经典的均值滤波、中值滤波、高斯滤波及双边滤波等滤波器常被考虑用于降低噪声和不连续性。

1. 均值滤波器

均值滤波器是一种非常简单并且常用的线性平滑滤波器，常用于图像处理领域中的噪声去除和图像平滑。其基本思想是用像素周围邻域的平均灰度值代替该像素的原始灰度值，从而实现平滑效果。

在使用均值滤波器进行图像平滑与去噪时，首先选择一个固定大小邻域窗口，通常为 $n \times n$ 的正方形窗口，邻域大小会直接影响到滤波器的工作范围。然后邻域窗口按照一定的顺序在图像上滑动（可以逐行或者逐列），并计算窗口内所有像素的灰度值平均值，计算方式如下：

$$g(x,y) = \frac{1}{N} \sum f(x,y) \qquad (7.24)$$

式中：$g(x,y)$ 为输出邻域中心值；$f(x,y)$ 为邻域窗口内像素值；N 为邻域窗口内像素个数。

将中心像素的原始灰度值替换为计算得到的平均值，这一步操作会使图像中的噪声得到平滑处理。均值滤波器示意图如图 7.11 所示。

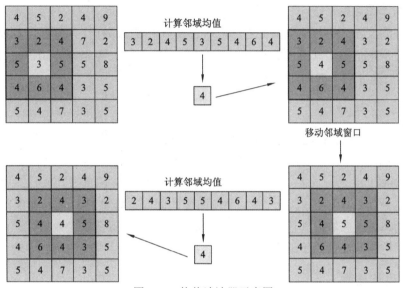

图 7.11　均值滤波器示意图

2. 中值滤波器

中值滤波器是一种典型的非线性滤波器，其计算原理与均值滤波器相似，但是中值滤波器是采用邻域窗口内像素中值作为输出结果，而不是使用均值。这使得中值滤波器对于存在较大幅度噪声的图像来说更为有效。

在使用中值滤波器时，同样要先设定一个固定大小邻域窗口，通常为 $n×n$ 的正方形窗口，然后邻域窗口按照一定的顺序在图像上滑动（可以逐行或者逐列）并计算窗口内所有像素的灰度值中值，计算方式如下：

$$g(x,y) = \text{median}(f(x+i, y+i)), \quad -k \leqslant i \leqslant k, \quad -k \leqslant j \leqslant k \qquad (7.25)$$

式中：$g(x,y)$ 为输出邻域中心值；$(x+i, y+i)$ 为邻域内的每个像素的坐标；k 为邻域的半径。

3. 高斯滤波器

高斯滤波器是一种常见的线性平滑滤波器，常用于图像处理中的去噪和平滑操作。高斯函数距离中心点越远的像素点对其影响越小，因此，高斯滤波器基于该性质来生成权重，通过对图像中像素点进行加权平均，使中心点附近像素点影响较大，而远离中心像素的影响则较小，从而实现平滑效果。高斯滤波器在处理噪声的同时，能相对较好地保留图像的边缘信息。

高斯函数按照正态分布来计算图像中每个像素点的变换，在二维空间其正态分布方程可表示为

$$G(x,y) = \frac{1}{2\pi\sigma^2} \exp\left(-\frac{x^2+y^2}{2\sigma^2}\right) \tag{7.26}$$

式中：(x,y) 为像素点坐标；σ 为正态分布的标准偏差，高斯函数的图像与 σ 的取值有关，σ 越大，图像越平缓。

定义好滤波器大小与标准偏差之后，通过高斯函数生成一个高斯核，高斯核中的每个元素值表示该位置像素所占据的权重。例如，式（7.27）为当 σ 为 0、邻域窗口半径为 2（即窗口为 5×5 时）的高斯核。

$$\text{Gauss\_kernel} = \begin{bmatrix} 4 & 16 & 24 & 16 & 4 \\ 16 & 24 & 96 & 64 & 16 \\ 24 & 96 & 144 & 96 & 24 \\ 16 & 64 & 96 & 64 & 16 \\ 4 & 16 & 24 & 16 & 4 \end{bmatrix} \tag{7.27}$$

高斯滤波器的主要优点之一是在平滑图像的同时，能够相对较好地保留图像的细节。通过动态调整邻域内其他像素点的权重值从而更好地保留边缘效果，通过调整标准偏差则可以控制滤波器的平滑程度。

4. 双边滤波器

图像的组成不仅有较为平滑的区域，即颜色比较近似的区域，也有边缘锐利区域，而高斯滤波其本质上还是对邻域内像素点进行加权平均，这种滤波方式会导致在过滤边缘位置的时候趋向于平滑，从而损失了锐利的纹理信息。

为了解决上述问题，双边滤波在高斯滤波的基础上，不仅考虑了邻域内像素之间的距离，同时也考虑了像素之间的相似程度。对于边缘位置的像素，与其像素更加相似的邻域位置的加权平均的权重值应越大，这样可以有效地保留边缘信息。

双边滤波器包含两个高斯核，分别用来表示空域权重和值域权重，二者合并得到最终的权重信息。其可描述如下：

$$w(i,j,k,l) = \exp\left(-\frac{(i-k)^2+(j-l)^2}{2\sigma_s^2}\right) \cdot \exp\left(-\frac{\|I(x,j)-I(k,l)\|^2}{2\sigma_r^2}\right) \tag{7.28}$$

式中：等号后第一项为空域权重，第二项为值域权重，二者相乘得到最终的计算权重；σ_s 和 σ_r 分别为两个高斯核的标准偏差；$I(x,j)$ 和 $I(k,l)$ 为像素点的像素值。

7.6.2 动态加权边界优化算法设计

影像经过阴影去除后，在原本的阴影区域和光照区域之间的过渡处会产生噪点。这

些边界瑕疵，通常称为"边界效应"，边界效应的存在破坏了图像的视觉连贯性和保真度。因此如何针对边界进行优化成为阴影去除过程中的一个关键挑战。

边界线提取是图像处理中的一个重要任务，目标是从图像中准确提取出目标或场景中的边缘部分。而 Canny 算子是一种经典的边缘检测算法。它通过多个步骤，如高斯滤波、梯度计算、非极大值抑制和边缘跟踪等，能够准确地提取图像边界线。

过渡带区域提取流程如图 7.12 所示，本小节首先采用 Canny 算子来提取阴影掩膜图中的阴影边界线，提取结果如图 7.12（b）所示，然后基于阴影边界线进行膨胀操作得到一条过渡带，如图 7.12（c）所示。

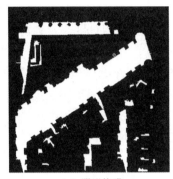  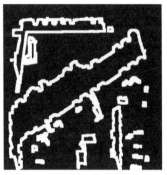

（a）阴影掩膜 　　　　　　　（b）阴影边界线 　　　　　　　（c）过渡带区域

图 7.12　过渡带区域提取

在提取出过渡带后，需要同时考虑像素点之间的空间结构信息和值域信息两方面，从而动态分配权重。通常来讲，图像在空间中变化较为缓慢，因此空间距离越近的像素点之间相似度越高。然而在存在噪点的边界处恰恰相反，因为距离边界越近越可能因曝光过度产生噪点。因此本小节采用一种反距离加权法来计算空间距离权重。在一定邻域窗口内，计算中心点像素与邻域窗口内像素之间的最大距离，然后将各像素到中心点像素的距离与最大距离之比作为该像素的权重。图 7.13 所示为反距离加权示意图（图中权重值是以 5×5 邻域窗口计算得来）。

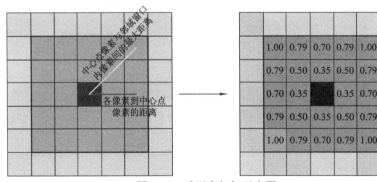

图 7.13　反距离加权示意图

最后根据高斯滤波（空间临近）原理，计算各个点到中心点的空间临近度，然后再进行反距离加权，作为空间距离权重 W_{sd}。计算方式如下：

$$\mathrm{DisRatio} = \frac{\mathrm{Distance}}{\mathrm{Max}_{\mathrm{Distance}}} \quad (7.29)$$

$$W_{\mathrm{sd}} = \exp\left(-\frac{(X_{\mathrm{center}} - X_p)^2 + (Y_{\mathrm{center}} - Y_p)^2}{2\sigma_s^2}\right) \cdot \mathrm{DisRatio} \quad (7.30)$$

此外，根据像素值之间的相似性计算像素值域权重 W_{pr}。像素值相近的像素被认为更相关，因此在计算权重时，像素值更相似的像素获得更大的权重。计算方式如下：

$$W_{\mathrm{pr}} = \exp\left(-\frac{\left\| f(X_{\mathrm{center}}, Y_{\mathrm{center}}) - f(X_p, Y_p) \right\|^2}{2\sigma_r^2}\right) \quad (7.31)$$

式中：X_{center}、Y_{center} 为邻域中心点位置；X_p、Y_p 为邻域内其他像素点位置；σ 为高斯核函数的方差。

当邻域窗口在过渡带内时，将空间距离权重和像素值域权重相乘得到一个权重系数，并直接基于该权重系数对过渡带进行卷积运算。在过渡带的边缘部分，基于该权重系数再进行分类加权处理。首先，将邻域窗口内像素进行分类，然后，从过渡带到两边设计权重逐步增大（初始权重设置为 0.2），从而实现过渡带边缘到两边的自然过渡并保证视觉连贯性。分类加权示意图如图 7.14 所示，计算方式如下：

$$W = W_{\mathrm{sd}} \cdot W_{\mathrm{pr}} \cdot \lambda, \quad \lambda \in (0,1) \quad (7.32)$$

$$g(X_{\mathrm{center}}, Y_{\mathrm{center}}) = \frac{\sum\limits_{(x_p, Y_p) \in S} f(X_p, Y_p) \cdot W}{\sum\limits_{(x_p, Y_p) \in S} W} \quad (7.33)$$

式中：λ 为从过渡带到两边的权重系数；$g(X_{\mathrm{center}}, Y_{\mathrm{center}})$ 为输出点；$f(X_p, Y_p)$ 为输入点；S 为邻域窗口。

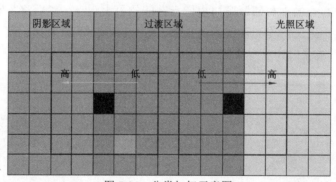

图 7.14　分类加权示意图

7.6.3　边界优化前后对比

使用设计的动态加权边界优化算法对阴影去除后的结果进行边界优化，优化结果如图 7.15 所示。由图 7.15（a）可见，动态加权边界优化算法能够很好地消除道路斑马线中间的裂缝，并且很好地保留了斑马线周围纹理特征。由图 7.15（b）能够看出，对于边界两边具有相似颜色、纹理特征的区域，动态加权边界优化算法也能有效地消除中间裂痕并且呈现出视觉连贯性与自然过渡。由图 7.15（c）可以看出，对于阴影与非阴影边界旁边存在的道路线，动态加权边界优化算法同样可以有效地消除边界裂缝并且确保周围地物完整性，可以很好地去除边界中间的明显异常噪点，保证边界两边颜色自然过渡。

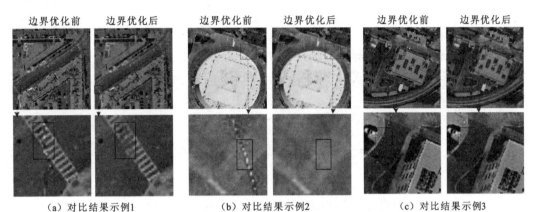

（a）对比结果示例1　　　　（b）对比结果示例2　　　　（c）对比结果示例3

图 7.15　边界优化前后对比图

第 8 章

基于深度学习的渐进式阴影去除网络

本章首先总结目前基于深度学习的遥感影像中阴影去除的主要问题，接着根据这些问题，提出了遥感影像渐进式阴影去除网络，最后，详细介绍该算法的流程，并对该网络的各个组成部分进行阐释。

8.1　基于深度学习的阴影去除方法关键问题

目前与遥感影像中的阴影去除相关的问题可以总结为以下几点。

（1）遥感配对阴影数据集的不足导致数据驱动信息的缺失，这大大限制了阴影去除的效果。经典的阴影去除方法需要仔细定义图像特征，以便在特定类型的城市街区的个别场景上实现优化能力。此外，由于遥感影像的光谱范围很广，阴影的类型各不相同，而且特征复杂，因此需要一个数据驱动的端到端框架来简便地完成阴影去除任务。

（2）如图 8.1（a）所示，遥感影像阴影区包括复杂的纹理细节和空间结构，这导致各个通道的直方图分布比自然界的图像更加多样化。图 8.1（b）和（c）分别显示了数学方法和计算机视觉方法的阴影去除结果、不同通道的直方图分布以及基于阴影去除结果预训练的 VGG-16 网络所提取的特征图。从图 8.1（b）和（c）中可以看出，纹理的多样性将导致数学方法所恢复的区域出现明显的光谱差异。相反，使用计算机视觉方法，内部纹理信息会丢失，与数学方法相比，特征图中恢复的类别更加模糊。

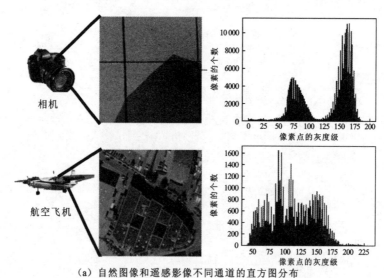

（a）自然图像和遥感影像不同通道的直方图分布

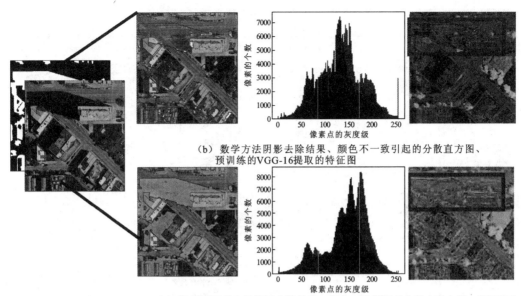

（b）数学方法阴影去除结果、颜色不一致引起的分散直方图、预训练的VGG-16提取的特征图

（c）计算机视觉方法阴影去除结果、颜色一致性引起的集中直方图、预训练的VGG-16提取的特征图

图 8.1　自然图像和遥感影像不同通道的直方图分布及数学和计算机视学阴影去除方法比较

（3）对于遥感影像的阴影去除任务，无法获得纯净的无阴影图像进行鉴别器校正，而且阴影和非阴影属于同一图像。传统的 GAN 鉴别器将整个图像作为判别的输入，在对生成的无阴影图像进行真实度判别时，它没有完全解决阴影区域的干扰问题。特别是，无用区域的干扰影响到鉴别器的准确性，同时也削弱了无阴影生成器的效率。

8.2　渐进式阴影去除网络总体框架

考虑不规则遥感影像阴影的特点，本节提出一个渐进式阴影去除框架（本节称为 Knowledge Shadow，KO-Shadow）来有效去除阴影。具体来说，设计一个阴影预去除子网络用来去除阴影，缩小视觉差异。随后，一个先验知识引导的细化子网络通过参考先验光谱和纹理知识，结合非阴影区域和模拟的伪阴影区域，进一步去除阴影。此外，本节提出局部特征鉴别器，由特定的纯净区域进行更新，以有效判别生成的无阴影图像的真实性。基于 KO-Shadow 框架的遥感影像的阴影去除方法框架图如图 8.2 所示。

（1）该方法只需要原始遥感影像和阴影掩膜图就可以实现模型训练和阴影去除，可以解决遥感影像阴影中数据驱动方法中无阴影影像缺失的问题。与其他传统方法相比，KO-Shadow 框架具有更强的鲁棒性，能够通过无监督学习方法生成更真实的光谱和纹理信息。

（2）为了缓解去除阴影区域与真实非阴影区域在光谱和纹理上的显著反差，设计先验知识引导的细化子网络，从数据驱动和知识驱动的信息中同时挖掘出一致的信息。根据阴影的形成机制，阴影区域光谱的恢复可以参考相邻部分的非阴影区域，该区域与阴影区域具有相同的颜色分布。此外，通过模拟伪阴影区域可为阴影特征的恢复提供更多的先验纹理知识，尤其对于复杂分布的土地类型。基于先验知识引导的细化子网络，

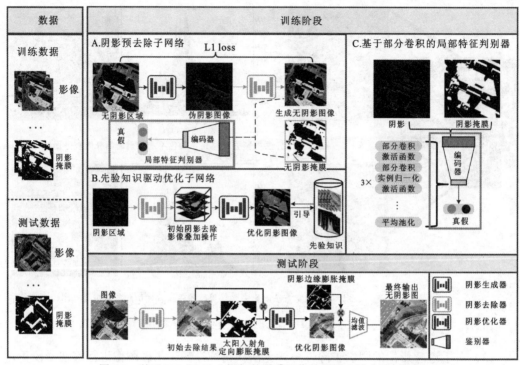

图 8.2　基于 KO-Shadow 框架的遥感影像的阴影去除方法框架图

KO-Shadow 框架可以生成更加真实的无阴影图像。

（3）为了提高无监督学习框架的性能，提出一个局部特征鉴别器来对复杂的遥感影像阴影数据进行判别。该模块对由原始图像和相应的阴影掩膜图得到的确定区域进行卷积运算。这种方式只从掩膜图覆盖区域提取信息，因此可减少其他错误信息的干扰。通过这种方式，新生成的图像可以保持一个更真实的水平。

8.3　数据预处理

遥感影像为了解决缺乏非阴影图像的问题，本节根据原始图像[图 8.3（a）]和相应的阴影掩膜图[图 8.3（b）]合成了 4 类辅助图像。

模型的训练需要由纯净的数据驱动，然而，遥感影像缺乏非阴影图像往往导致模型的训练不足。为了解决数据纯度不足的问题，我们对原始图像进行处理，以获得纯净的阴影和非阴影图像来拟合模型。如图 8.3（d）所示，阴影区域是根据掩膜图构建的，通过保留掩膜图阴影部分的 RGB 值和删除其余非阴影部分的像素值产生纯净的阴影区域。其次，无阴影区域也是通过使用同样的方法生成的[图 8.3（c）]。由于阴影的存在，位于阴影区域内的地物类别由于对比度低而难以挖掘。为了在先验知识引导的细化子网络中增强阴影内部的详细纹理信息，利用阴影区域[图 8.3（d）]和无阴影区域[图 8.3（c）]合成模拟的伪阴影区域[图 8.3（f）]进行直方图匹配，提取阴影区域的纹理特征。另外，对于遥感影像的阴影，分析其主要形成原因是建筑物遮挡阳光，只有沿阳光角度的一侧的无阴影区域与阴影区域有相似的纹理和光谱信息，可以用于恢复阴影光谱信息。因此，根据每个区域的阴影形成角度沿着特定的方向延伸，构建一个可以进行色调参考的太阳入射角定向膨胀掩膜图[图 8.3（e）]。

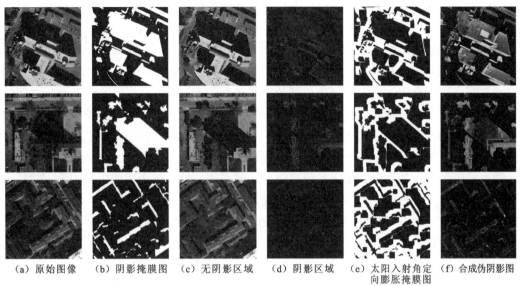

（a）原始图像　（b）阴影掩膜图　（c）无阴影区域　（d）阴影区域　（e）太阳入射角定向膨胀掩膜图　（f）合成伪阴影图

图 8.3　伪阴影图生成过程

8.4　阴影预去除子网络

虽然通过裁剪可以获得小面积的无阴影图像，但裁剪后的无阴影图像分辨率低，特征类别少，仍然难以满足去除遥感影像阴影的需求。如图 8.3（c）和（d）所示，本节模拟两类"纯"数据来初始化训练生成器。

如图 8.4 所示，该子网络采用两个生成器（Gs 和 Gf）来初步生成和去除阴影区域，它们使用相同的网络结构[66]。首先，采用内核大小为 7×7 的卷积层进行卷积处理，然后

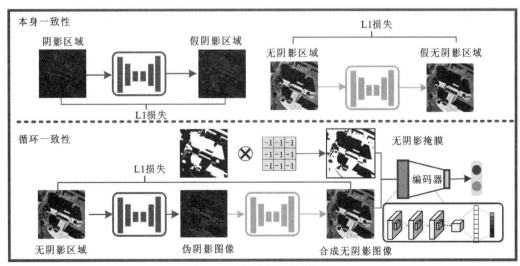

图 8.4　阴影预去除子网络框架

通过实例归一化层和 ReLU 激活层进行数据的激活，以提取浅层特征。然后，使用两个核大小为 3×3、跨度为 2×2 的卷积层来缩小特征大小。之后，用 9 个相同大小的残差块对特征进行残差处理。最后，使用反卷积层逐步扩大特征的分辨率，并在每次卷积运算后采用实例归一化和 ReLU 激活函数将特征转化至-1～1。通过这种方式可使阴影生成器产生相同分辨率的图像。

该子网络主要包括三种主要的渐进方式来去除阴影。首先，将阴影和非阴影区域分别送入两个生成器（Gs，Gf）以生成新的阴影和新的非阴影。这样一来，两个生成器的输入和输出应该是一致的。在这个原则下，就可以利用输入图像与输出图像的本身一致性来初始化两个生成器，其逻辑原则如式（8.1）和式（8.2）所示。为了进一步训练生成器的能力，如式（8.3）所示，采用循环一致性原则来约束网络。具体地说，由于初始化的生成器具有简单的阴影生成和消除能力，使用 Gs 生成一个假的阴影图像，然后将该假影像通过 Gf 生成一个假的非阴影图像。在这种情况下，消除阴影后的图像应该与输入的 Gs 图像一致，这个约束条件可以用来进一步训练生成器。

当生成器完成训练后，对鉴别器的评估可以更好地指导生成器的训练。因此，局部特征鉴别器被用来确定生成图像的真实性，它可以有效地指导生成器生成更真实的图像。如式（8.4）所示，如果生成的样本是一个阴影，经过鉴别器判断后的概率值就更接近于 1。将生成的假阴影图像与相应的掩膜图结合起来，对掩膜图覆盖的区域进行卷积处理，判断其与真实值的差异。在完成整个训练后，使用混合损失函数对模型进行监督，这样可以正确有效地进行生成器训练监督。

$$Sd' = Gs(Sd) \tag{8.1}$$

$$Nsd' = Gf(Nsd) \tag{8.2}$$

$$Nsd'' = Gf(Gs(Nsd)) \tag{8.3}$$

$$D(fake\_sd) = 0 / / 1 \tag{8.4}$$

式中：Gs 为阴影生成器；Gf 为无阴影生成器；Sd 为阴影区域；Sd'为生成的假阴影图像；Nsd 为非阴影区域；Nsd'为生成的假无阴影图像；Nsd''为生成的非阴影图像；D 为局部特征鉴别器；fake_sd 为由 Gs 生成的假阴影图像。

在每个阶段都使用不同的损失函数来约束模型的训练。对于本身一致性，L1 损失被用来区分生成阴影和生成非阴影的损失。而对抗性损失包含鉴别器损失和循环一致性损失，其中均方误差损失函数用于鉴别器损失，L1 损失用于循环一致性损失。GAN 的损失函数形式如式（8.5）所示。最终的损失函数是通过加权各个组成部分的损失而得到的，其损失函数如式（8.6）所示。

$$L_{GAN} = L_{Cycle} \times 10 + L_{Dis} \tag{8.5}$$

$$L = L_{Iden}(Gs) \times 5 + L_{Iden}(Gf) \times 5 + L_{GAN} \tag{8.6}$$

8.5　先验知识驱动的子网络优化

阴影预去除子网络产生的图像只是对阴影区域的初步恢复。在光谱和纹理信息方面与实际情况仍有很大的差距。因此，本节提出一个先验知识引导的细化子网络，以进一步提高阴影去除的效果。其结构类似于阴影预去除子网络，主要区别在于网络输入是通过叠加图像和阴影掩膜图来学习的。如图 8.5 所示，该子网络将通过同步的两个操作分别恢复阴影区域的纹理和颜色信息：一部分用于保证同一图像中阴影区的颜色信息与非阴影区一致；另一部分是在去除前后保持阴影区的特征覆盖类别。此外，根据地理学第一定律，所有的事物都是相关的，但邻近的事物比遥远的事物更相关。因此，外侧的阴影边缘信息在恢复阴影时是必不可少的。然而，遥感影像阴影的形成主要是由高大建筑物的遮挡带来的特定方向的光线减少造成的，只有沿太阳入射角延伸的那部分非阴影区域对去除阴影有信息补充作用。因此，在数据预处理后，根据太阳入射角度向某一方向扩展，形成去除阴影的补充信息区，最终需要的数据如图 8.6 所示。

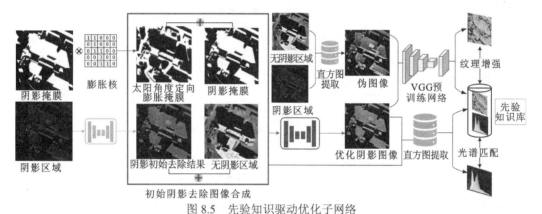

图 8.5　先验知识驱动优化子网络

（a）用Gf去除初始阴影后的假无阴影图像　　（b）非阴影区域　　（c）直方图匹配后的模拟假阴影区域

（d）太阳入射角度向某一方向扩展形成去除阴影的补充信息掩膜图　　（e）阴影掩膜图

图 8.6　先验知识驱动优化子网络所需的数据

优化器的输入是一个由 3 通道图像和 1 通道掩膜图组成的 4 通道特征。具体地说，图 8.6（a）和（b）被合成为一个新的 3 通道图像，图 8.6（d）和（e）被合成为一个 1 通道的掩膜图，这些特征被送入 Gr，产生优化后的去阴影结果。

8.5.1 基于直方图损失的光谱恢复

色彩迁移算法[108]最初只对不同图像的光谱分布进行直方图损失的匹配。在同一图像中，阴影和非阴影区域的光谱分布应该是一致的。因此，本小节将其修改为同一图像中不同区域的光谱匹配，通过这种方式实现同一张图像中不同区域的匹配。

根据掩膜图分别从原始图像中提取阴影和非阴影区域：

$$\text{Sd}_{i,j} = \{x_{i,j} \mid \text{Mask}_{x_{i,j}=1}\} \tag{8.7}$$

$$\text{Nsd}_{i,j} = \{x_{i,j} \mid \text{Mask}_{x_{i,j}=0}\} \tag{8.8}$$

以阴影区 R 通道为例，根据 RGB 值之间的关系，将这两个区域的每个维度转化为二维空间矢量：

$$IvR(x \in \text{Sd}_{i,j}) = \lg\left(\frac{IR(x \in \text{Sd}_{i,j}) + \in}{IG(x \in \text{Sd}_{i,j}) + \in}\right) \tag{8.9}$$

$$IuR(x \in \text{Sd}_{i,j}) = \lg\left(\frac{IR(x \in \text{Sd}_{i,j}) + \in}{IB(x \in \text{Sd}_{i,j}) + \in}\right) \tag{8.10}$$

式中：$\in$ 表示一个最小值，用于防止 0 做分母；x 为属于阴影区的像素值。

通过上述计算，每个通道都有一个二维 uv 坐标。一个特定的区域可以形成三组不同的 uv 坐标来描述该区域的颜色属性特征。此外，计算反二次方核 $k(Iuc, Ivc, u, v)$，将样本映射到一个更高维的线性可分空间，其定义为

$$k(Iuc, Ivc, u, v) = \left(1 + \frac{|Iuc - u|^{2^{-1}}}{\tau}\right) \times \left(1 + \frac{|Ivc - v|^{2^{-1}}}{\tau}\right) \tag{8.11}$$

式中：$c \in \{R, G, B\}$；τ 为一个衰减参数，用于控制直方图的平滑度，并使其可分。由于每个阴影像素的整体分布是变化的，用 $Iy(x)$ 描述每个像素的贡献，定义为 $Iy(x) = \sqrt{I_R(x)^2 + I_G(x)^2 + I_B(x)^2}$。最终的非正常化直方图的计算结果为

$$H(u, v, c) \propto \sum_x k(Iuc(x), Ivc(x), u, v) \times Iy(x) \tag{8.12}$$

通过式（8.12）可提取阴影和非阴影区域的 H 向量，并将其转化为 $64 \times 64 \times 3$ 的特征向量，通过近似的颜色特征图确保两个区域颜色的一致性：

$$L_{\text{his}} = \frac{1}{\sqrt{2}} \left\| \sqrt{H_{\text{nsd}}} - \sqrt{H_{\text{sd}}} \right\| \tag{8.13}$$

式中：H_{nsd} 为非阴影区域的直方图特征；H_{sd} 为阴影区域的直方图特征；$\| \ \|$ 表示 L1 损失函数。

使用转换后的特征图进行颜色匹配，直方图损失很难保证全局颜色的统一。为此，加入方差损失以增加每幅图像中平滑颜色的方差差异，其计算公式如下：

$$L_{var}(I_{sd}, I_{nsd}) = -w \sum_{c \in \{R,G,B\}} \left| \sigma(I_{nsdc} * G) - \sigma(I_{sdc} * G) \right| \tag{8.14}$$

式中：$w = \|H_{nsd} - H_{sd}\|$ 为一个加权因子，用于计算每个像素的贡献，随着目标直方图和输入直方图变化而变化。

8.5.2 基于特征损失的纹理增强

虽然目前很多方法可以恢复颜色信息，但恢复的阴影纹理信息会丢失，显得模糊不清。因此，本小节采用深度学习特征提取网络和先验知识的结合，以确保内部特征的完整性。此外，合成的伪阴影区域也可以为特征重建提供空间知识。

许多去除阴影的方法都可以提供合成的伪阴影区域，如线性校正、伽马函数、机器学习等。然而，与其他方法相比，直方图匹配方法更为简单，其复原后的特征类别对比明显，也能更好地促进特征的提取。对于特征提取网络，AlexNet[109]、ResNet[99]、ReXsNet[110]等都表现出优秀的信息提取能力，但遥感影像的类别复杂度高、尺度大，这意味着纹理提取更为复杂。一般来说，VGG19 的结构更直接，层数更深。较小的卷积核也可以保证感知野的大小，减少卷积层的参数。

本小节首先使用基于原始图像和掩膜图的直方图匹配来合成一个伪图像[图 8.7（b）]。虽然直方图去阴影后的图像存在明显的色差，但类型特征比原始图像更明显。VGG 预训练模型从原始阴影和直方图均衡的图像中提取特征。如图 8.7 所示，通过几次实验，模型第 20 层对阴影的鲁棒性更强，这意味着提取的特征被阴影图像最小化了。最后，使用 L1 损失函数来使优化后的阴影特征尽可能接近伪图像的特征：

$$L_{feat} = \|VGG(ref\_sd) - VGG(fake\_nsd)\| \tag{8.15}$$

式中：VGG()表示 VGG 模型提取的特征。

（a）阴影区域的VGG特征图   （b）模拟的伪阴影区域的VGG特征图

图 8.7 阴影区域和模拟的伪阴影区域的 VGG 特征图

采用拉普拉斯算子提取图像边缘信息，并使用重建损失来更好地保证细节信息：

$$L_{rec}(I_{ref\_sd}, I_{fake\_nsd}) = \|I_{ref\_sd} * L - I_{fake\_nsd} * L\| \tag{8.16}$$

式中：*L 为拉普拉斯算子，它不仅可以抑制图像颜色信息，而且可以更好地提取图像中的边缘细节特征。采用重建损失来保持细节特征，同时使用 VGG 提取整体特征，两部分的有效结合保证阴影去除前后特征内容信息的保持。

最终优化器的损失函数是通过权衡不同的损失而得到的。然而，颜色损失比例过大，将导致恢复区域整体收敛，造成纹理信息的损失。相反，当特征损失过大时，将导致恢复的区域与真实的无阴影区域之间出现明显的色差，图像的一致性无法得到保证。通过多次实验，确定能获得最佳效果的损失函数权重：

$$L_{\text{ref}} = a \cdot L_{\text{his}} - b \cdot L_{\text{var}} + L_{\text{feature}} + c \cdot L_{\text{rec}} \tag{8.17}$$

式中：a 取值为 0.7；b 取值为 0.15；c 取值为 1.5。

8.6 局部特征鉴别器

原始鉴别器将整个图像作为一个整体进行判别，使同一幅影像中的阴影和非阴影区域变得混乱，导致鉴别器训练失败。由于所有非阴影区域的填充，鉴别器的准确性将受到无用区域的影响，这进一步影响了图像生成的质量。为了解决该问题，本节提出使用部分卷积代替原始卷积的局部特征鉴别器，以适应这种不规则的图像情况。部分卷积的定义如下：

$$x = \begin{cases} W^{\text{T}} \times \left(X(i,j) \times M(i,j) \times \dfrac{1}{\|M\|} \right) + b, & \|M\| > 0 \\ 0, & \|M\| = 0 \end{cases} \tag{8.18}$$

如式（8.18）所示，部分卷积也使用与标准卷积相同的线性函数组合，由权重 W 和偏差 b 组成。X 为当前定义的卷积核中的像素值，M 为相应的掩膜图。这样，根据掩膜图，在卷积过程中只有其标记的位置被卷积，可避免对其他区域的干扰。此外，为了保证每次卷积后的特征图不受其他无用区域的影响，在每次前向传播卷积后，掩膜图也会被更新，其具体定义如下：

$$m = \begin{cases} 1, & \|M(i,j)\| > 0 \\ 0, & \|M(i,j)\| = 0 \end{cases} \tag{8.19}$$

该鉴别器首先使用 4 个卷积大小为 4×4、跨度为 2×2 的部分卷积提取有效区域特征，得到预处理的阴影特征。然后通过一个 4×4 部分卷积，将提取的阴影特征压缩到 1 个通道，以提取最重要的特征。最后，压缩后的特征进行归一化处理从而生成阴影概率，以进一步验证生成图像的真实性。需要注意的是，在每个部分卷积中都需要进行实例归一化和 ReLU 激活函数，以使数据归一化。为了确保鉴别器的准确性，在每次迭代结束时，根据真实的阴影区域和无阴影图像，使用均方误差损失函数来更新鉴别器。其具体公式如下：

$$\text{LDis(real)} = \|D(\text{sd}, \text{sd\_mask} - 1)\| \tag{8.20}$$

$$\text{LDis(fake)} = \|D(\text{Nsd}, \text{Nsd\_mask} - 0)\| \tag{8.21}$$

最后的鉴别器损失函数可表示为

$$\text{LDis} = (LDis(\text{real}) + LDis(\text{fake})) \times 0.5 \tag{8.22}$$

第 9 章

自适应无监督阴影检测与非线性
光照迁移阴影去除实验分析

9.1　实验数据与设置

本节的试验环境如下：64 位 Windows10 系统，Intel CORE i5 10th Gen，8G 内存。实验在 MATLAB R2014a 软件的基础上进行。而关于对比实验中的深度学习方法都是在安装在 NVIDIA Geforce GTX 3060 和 12 GB 内存上的 64 位操作系统 Ubuntu 20.04 上进行的。

本节采用 AISD（aerial imagery dataset for shadow detection）数据集[5]来评估方法的有效性与优越性。AISD 是用于阴影检测的航空图像数据集，包括 514 张尺寸不一的航空遥感影像，覆盖 5 个不同城市和地区（奥斯汀市、维也纳市、因斯布鲁克市、芝加哥市和蒂罗尔州）。AISD 数据集可从 https://github.com/RSrscoder/AISD 获得。

此外，为了验证本书所提方法在不同场景下的性能，本节引入 Inria[111]航空图像标注数据集（Inria aerial image labeling dataset）及 ITCVD[112]数据集作为实验补充数据集，以检验方法的稳定性与鲁棒性。Inria 航空图像标注数据集包括空间分辨率为 0.3 m、覆盖面积为 810 km² 的航空正射彩色图像，涵盖从城市街区到高山城镇不同的场景，该数据集可从 https://project.inria.fr/aerialimagelabeling/ 获取。而 ITCVD 数据集图像来自飞越荷兰恩斯赫德上空 330 m 高空的飞机平台，该图像是在低空视图和斜视视图下拍摄，共包含 173 张尺寸为 5616×3744 大小的航空图像，可从 https://research.utwente.nl/en/datasets/itcvd-dataset 获取。

9.2　实验评价指标

9.2.1　阴影检测评价指标

为了定量评价本书所提出的阴影检测方法的性能，引入总体准确率（overall accuracy，OA），并同时考虑精度和召回率的 F_{Measure} 指标作为阴影检测后续准确性评价指标。具体可表示如下：

$$\text{Precision} = \frac{\text{TP}}{\text{TP} + \text{FP}} \times 100\% \tag{9.1}$$

$$\text{Recall} = \frac{\text{TP}}{\text{TP} + \text{FN}} \times 100\% \tag{9.2}$$

$$\text{OA} = \frac{\text{TP} + \text{TN}}{\text{TP} + \text{TN} + \text{FP} + \text{FN}} \times 100\% \tag{9.3}$$

$$F_{\text{Measure}} = \frac{\text{Precision} \times \text{Recall} \times 2}{\text{Precision} + \text{Recall}} \times 100\% \tag{9.4}$$

式中：TN 为真阴性，即被正确检测为非阴影部分的像素总个数；TP 为真阳性，即被正确检测为阴影部分的像素总个数；FN 为假阴性，即被错误检测为非阴影的像素总数；FP 为假阳性，即被错误检测为阴影的像素总数；Precision 为精度，Recall 为召回率，精度更加关注漏检的情况，也就是说精度越高漏检情况越少，但是可能存在错检的情况，而召回率更加关注错检的情况，召回率越高错检情况越少，但是存在漏检的情况；OA 为总体准确率，表示算法检测出阴影和非阴影的准确率。为了更加全面地评价算法性能，采用同时考虑总体精度和召回率的 F_{Measure} 及 OA 作为衡量阴影检测算法性能的指标。

9.2.2 阴影去除评价指标

由于获取方式及周期原因，遥感影像很难像自然影像一样获取同一位置的阴影图像和真实无阴影图像，无法利用标签数据对阴影去除效果进行定量的评价。但是，考虑阴影区域和非阴影区域中存在具有相似特征的地物，选择对比不同区域相似地物的特征来定量评估阴影去除效果，选取同一张图像中具有相同的土地覆盖类型的两块区域，并引入阴影恢复指数（shadow recovery index，SRI）[5]、颜色差异度（color difference，CD）[113] 及梯度幅度相似偏差（gradient magnitude similarity deviation，GMSD）[114] 三类评价指标。

阴影恢复指数（SRI）可以用来评估图像经阴影去除后，具有相同土地覆盖类型的阴影与非阴影区域差异性。SRI 值越低代表阴影去除效果越好，阴影区域地物信息恢复程度越高，而较高的 SRI 值则表示阴影去除效果较差，阴影区域地物信息恢复程度越低，其定义如下：

$$\text{SRI} = \frac{1}{K} \sum_{c}^{K} \frac{1}{N} \left(\sum_{i=1}^{N} \left| F_{c,i}^{\text{Rsd}} - \mu_c^{\text{Nsd}} \right| \right) \tag{9.5}$$

式中：K 为图像的通道数；N 为选取的具有相同土地覆盖类型区域的像素总数；i 为当前像素；$F_{c,i}^{\text{Rsd}}$ 为阴影去除后的样本像素值；μ_c^{Nsd} 为非阴影区域的阴影样本像素值平均值。

颜色差异度（CD）可以用来评估图像经阴影去除后，具有相同土地覆盖类型的阴影与非阴影区域的颜色差异程度，CD 值越低代表阴影去除后的区域与同质非阴影区域颜色越相近，反之则说明颜色存在明显的差异，其定义如下：

$$\text{CD} = \frac{|\Delta R + \Delta G + \Delta B|}{3} \tag{9.6}$$

式中：ΔR、ΔG、ΔB 为图像每个颜色通道阴影去除后的阴影区域与非阴影区域的颜色差异程度。

梯度幅度相似偏差（GMSD）可以用来评估去除阴影后的区域与具有相同土地覆盖

类型的非阴影区域整体纹理结构相似程度，GMSD 值越低代表阴影去除后的区域与同质非阴影区域在整体纹理结构上更为接近，GMSD 值越高则代表存在明显差异。其定义如下：

$$GMSD = \sqrt{\frac{1}{N}\sum_{i=1}^{N}(GMS(i)-GMSM)^2} \tag{9.7}$$

$$GMSM = \frac{1}{N}\sum_{i=1}^{N}GMS(i) \tag{9.8}$$

$$GMS(i) = \frac{2m_i^{Rsd}m_i^{Nsd}+c}{m_i^{Rsd}+m_i^{Nsd}+c} \tag{9.9}$$

式中：N 为所选取的具有相同土地覆盖类型区域的像素总数；i 为当前像素；c 为一个正数，防止分母为 0；GMS 表示梯度幅度相似性；GMSM 为梯度幅度相似平均值。GMS 具体的计算方式如下：

$$m_i^{Rsd} = \sqrt{(f^{Rsd}\otimes h_x)_i^2+(f^{Rsd}\otimes h_y)_i^2} \tag{9.10}$$

$$m_i^{Nsd} = \sqrt{(f^{Nsd}\otimes h_x)_i^2+(f^{Nsd}\otimes h_y)_i^2} \tag{9.11}$$

式中：f^{Rsd} 为所选的阴影去除后的样本；f^{Nsd} 为无阴影区域的样本；h_x 和 h_y 为 Prewitt 算子分别在 x,y 两个方向上的梯度矩阵。

9.3 阴影检测实验结果对比分析

在阴影检测方法方面，将本书提出的两类阴影检测方法（DLA-PSO 方法和 ASOSD 方法）与传统的无监督方法和最新的深度学习方法进行比较。传统的方法包括 SRHI、归一化蓝（normalized bule，NB）、直方图阈值检测（histogram threshold detection，HTD）和 C1C2C3 空间检测（C1C2C3）方法。本节选取三种具有代表性的深度学习算法（即 U-Net、Segnet 和 BDRAR 方法）。U-Net 模型采用编码器-解码器结构和跳接设计，以保留更多的图像细节，在阴影检测中达到较好的效果[115]。与 U-Net 模型相比，Segnet 模型在上采样过程中将特征图恢复到高分辨率，从而保留了目标特征的位置，最终实现阴影检测[116]。BDRAR 模型在 CNN 框架的基础上增加注意残差模块和双向金字塔网络[39]。该模型充分挖掘 CNN 编码不同层的全局和局部上下文信息，使阴影样本的特征提取更加全面。

9.3.1 基于 AISD 数据集的对比实验分析

图 9.1 所示为 3 幅影像不同阴影检测方法效果示意图。图 9.1（a）和（k）分别为原始图像和人工标注的阴影标签，图 9.1（b）～（e）为现有典型阴影检测方法的结果。这些典型方法的思想是根据阴影在特定颜色空间中的性质，逐个像素地检测阴影。虽然可以检测到较大的阴影，但 SRHI、HTD 和 C1C2C3 方法容易将一些低反射率的地物（如草坪、树木等）误认为阴影。NB 方法考虑归一化蓝色通道的阴影特性，可以避免低反

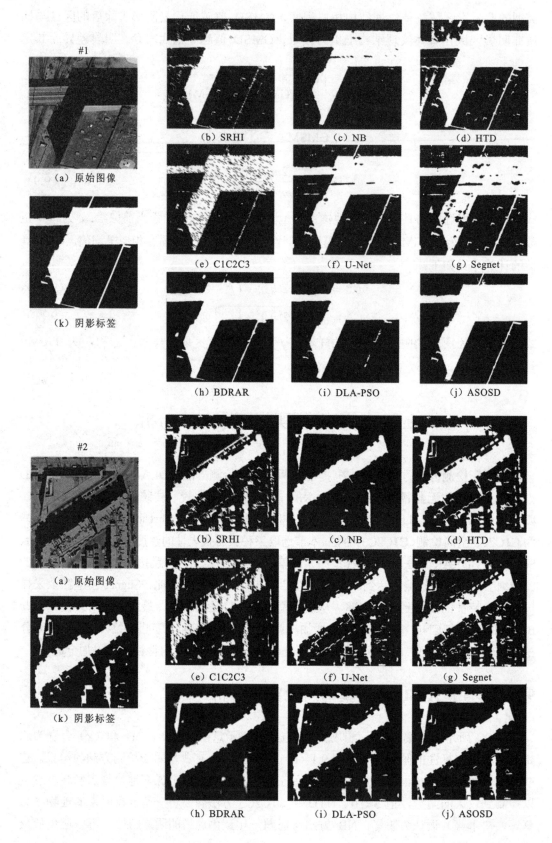

#1

(a) 原始图像

(k) 阴影标签

(b) SRHI　(c) NB　(d) HTD

(e) C1C2C3　(f) U-Net　(g) Segnet

(h) BDRAR　(i) DLA-PSO　(j) ASOSD

#2

(a) 原始图像

(k) 阴影标签

(b) SRHI　(c) NB　(d) HTD

(e) C1C2C3　(f) U-Net　(g) Segnet

(h) BDRAR　(i) DLA-PSO　(j) ASOSD

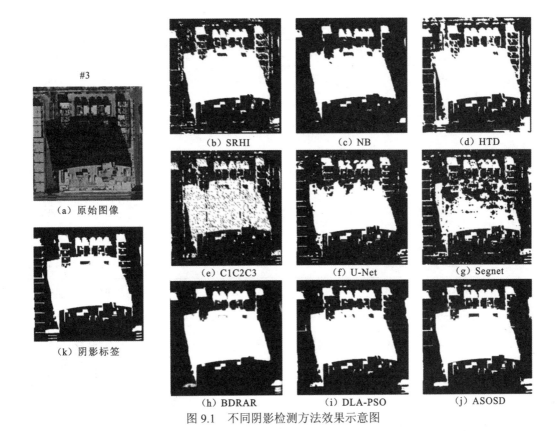

图 9.1　不同阴影检测方法效果示意图

射率地物的干扰，如图 9.1（c）所示。但是 NB 方法忽略了其他特征，导致在实际应用中阴影检测能力不足。

深度学习方法倾向于自动提取高维特征，而不是人工获取高维特征，在阴影检测方面取得了较好的效果。但是，U-Net 和 Segnet 方法同样是逐像素的检测过程，阴影检测结果中存在许多来自小地物的干扰，如图 9.1（f）和（g）所示。此外，Segnet 方法在阴影区域的复杂结构中略弱。但 BDRAR 方法对小目标和阴影边界的检测能力不足，如图 9.1（h）所示。一般来说，DLA-PSO 和 ASOSD 方法可以有规律地校正阴影边界，在阴影检测中可以排除异常像素的影响。与其他方法相比，这两种方法在阴影检测方面表现出了优异的性能，能够清晰地保留阴影边缘细节，如图 9.1（i）和（j）所示。

进一步，通过准确率（Acc）、精度（Precision）、召回率（Recall）和综合评价值 F_{Measure} 等指标对 DLA-PSO 和 ASOSD 方法的实际性能进行定量评价。图 9.1 所示图像的阴影检测评价指标如表 9.1 所示。根据表 9.1，C1C2C3 方法在 Acc 和 F_{Measure} 方面表现较差。SRHI 和 HTD 方法的 Recall 一般较高，但 Precision 一般较差，这说明这两种方法容易将阳光照射区域的地物错误地识别为阴影，如图 9.1（b）和（d）所示。相反，NB 方法 Precision 较高，Recall 较差，NB 方法不能完全识别实际阴影，如图 9.1（c）所示。由于深度学习方法具有强大的自适应学习能力，其阴影检测结果精度和 F_{Measure} 保持较高水平。然而，由于复杂地物类型的干扰，U-Net、Segnet 和 BDRAR 方法在阴影检测方面仍有待改进。综上所述，本书提出的 DLA-PSO 和 ASOSD 方法的性能优于其他方法。

表 9.1　不同方法的阴影检测定量评价指标表

影像	指标	SRHI	NB	HTD	C1C2C3	U-Net	Segnet	BDRAR	DLA-PSO	ASOSD
#1	Precision	0.963	0.941	0.999	0.879	0.983	0.862	0.835	0.998	0.963
	Recall	0.958	0.900	0.991	0.864	0.899	0.848	0.988	0.955	0.985
	F_{Measure}	0.949	0.947	0.932	0.920	0.880	0.842	0.975	**0.976**	**0.986**
	Acc	0.963	0.964	0.948	0.946	0.913	0.886	0.982	**0.984**	**0.990**
#2	Precision	0.802	0.999	0.790	0.875	0.883	0.838	0.843	0.968	0.957
	Recall	0.857	0.741	0.980	0.761	0.934	0.946	0.928	0.861	0.902
	F_{Measure}	0.829	0.851	0.875	0.814	0.908	0.889	0.884	**0.911**	**0.929**
	Acc	0.906	0.931	0.926	0.907	0.949	0.937	0.935	**0.955**	**0.963**
#3	Precision	0.924	0.998	0.800	0.937	0.976	0.930	0.862	0.983	0.971
	Recall	0.896	0.833	0.989	0.822	0.850	0.733	0.948	0.919	0.931
	F_{Measure}	0.910	0.908	0.885	0.876	0.909	0.819	0.903	**0.950**	**0.951**
	Acc	0.928	0.932	0.896	0.906	0.931	0.869	0.918	**0.961**	**0.961**

9.3.2　阴影检测方法的鲁棒性及计算效率分析

本小节引入 100 张测试图像的箱形图来展示 DLA-PSO 方法与 ASOSD 方法的 F_{Measure} 值分布，并通过比较方法来验证所提出方法的鲁棒性。箱形图包含 5 个指标，分别为最小值、下四分位数、中值、上四分位数和最大值。箱形图的优点是可排除异常值的干扰，稳定地描绘数据的离散分布。下四分位数和上四分位数之间的区域决定框的大小。区域越小，F_{Measure} 值越集中。

不同阴影检测方法的平均 F_{Measure} 值如表 9.2 所示。SRHI、HTD、C1C2C3 方法的 F_{Measure} 值小于 65%，U-Net、Segnet、BDRAR 等深度学习方法的 F_{Measure} 值大于 70%。深度学习方法比传统方法表现更好。本书提出的 DLA-PSO 方法的 F_{Measure} 值为 82.70%，而 ASOSD 方法的 F_{Measure} 值更是达到了 84.57%，均高于其他方法。DLA-PSO 方法是一种自适应的无监督阴影检测方法，可以快速准确地识别阴影区域，在阴影检测上表现出更优异的性能。最重要的是，评价不同方法在阴影检测上的性能需要结合图 9.2 中 F_{Measure} 值分布的箱形图进行综合分析。DLA-PSO 方法和 ASOSD 方法的箱形大小、上四分位数与下四分位数之间、最大值与最小值之间的区域很小，表明这两类方法的在不同场景下的鲁棒性最强。ASOSD 方法的箱形图箱体高最高，表明其具有较好的阴影检测性能。虽然 DLA-PSO 方法的平均检测 F_{Measure} 值比 U-Net 方法高 0.35%，但 U-Net 方法需要提前训练样本。在箱形图中，U-Net 方法比 DLA-PSO 方法波动范围更大，其最低值为 0.58，其鲁棒性较弱。通过上述分析表明，本书提出的 DLA-PSO 与 ASOSD 方法具有良好的鲁棒性和阴影检测性能。

表 9.2　不同阴影检测方法的平均 F_{Measure} 值及计算时间

项目	SRHI	NB	HTD	C1C2C3	U-Net	Segnet	BDRAR	DLA-PSO	ASOSD
F_{Measure}/%	58.04	74.52	64.55	53.65	82.35	78.15	72.15	82.70	84.57
计算时间/s	7.90	6.40	5.94	7.91	5.28	10.41	11.76	1.84	3.34

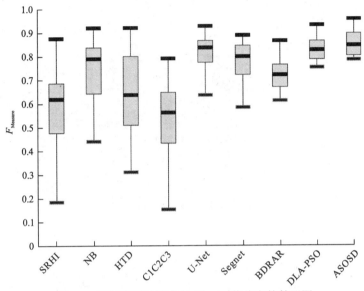

图 9.2　不同阴影检测方法 F_{Measure} 值分布的箱形图

　　阴影检测的准确性是评价该方法的重要考核标准，但是在实际的项目应用种，还需要考虑方法在处理图像的计算时间。本部分实验还对不同阴影检测方法的平均运行时间进行了计算，如表 9.2 所示。DLA-PSO 和 ASOSD 方法相较于其他比较方法计算时间最少，实现了最佳计算性能，同时也证明这两种方法能够显著提升阴影检测的计算效率，表现出良好的实际应用价值。此外，ASOSD 方法在阴影检测的鲁棒性分析优于 DLA-PSO 方法，说明该类方法可以更加稳定且准确地得到阴影检测结果，但是计算时间上低于 DLA-PSO 方法。而 DLA-PSO 方法虽然阴影检测的稳定性低于 ASOSD 方法，但是运行时间最短，约为 ASOSD 方法的一半，在计算效率上得到了显著提升。在具体实际应用中，可以选择适合项目实际需求的阴影检测方法。

9.3.3　阴影检测方法在其他常用开源数据集下的实验分析

　　本小节讨论 DLA-PSO 和 ASOSD 方法在其他常用开源数据集下的阴影检测效果性能。为了明确实际应用中的差异，选择不同数据集的遥感影像进行进一步阐述。Inria 航空图像标注数据集包括图 9.3 中空间分辨率为 0.3 m，覆盖面积为 810 km² 的航空正射彩色图像。此外，ITCVD 数据集的图像取自图 9.4 中飞越荷兰恩斯赫德上空 330 m 高空的飞机平台。这些数据集将用于进一步的实验，以验证我们提出的方法在不同遥感影像地标下的阴影检测效果。由图 9.3 和图 9.4 可知，在导流线、草坪、树木、裸地、道路等地标性建筑场景下，DLA-PSO 和 ASOSD 方法具有良好的稳定性与适应性，可以在不同场景下有效地检测出阴影区域。总之，这些针对不同数据集的实验进一步证明本书提出的 DLA-PSO 和 ASOSD 方法在阴影检测方面具有良好的性能。

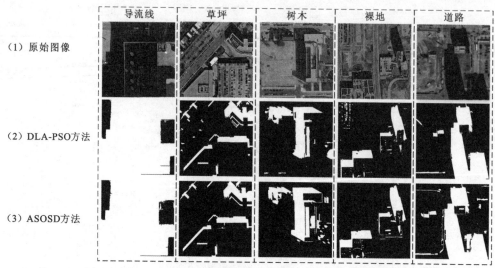

图 9.3　Inria 航空图像标注数据集中不同地标下的阴影检测效果

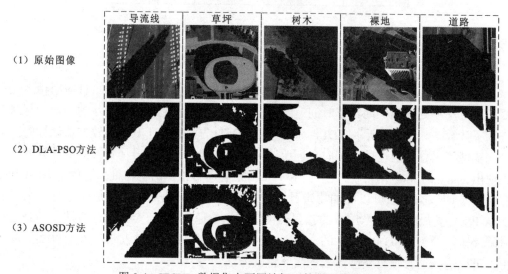

图 9.4　ITCVD 数据集中不同地标下的阴影检测效果

9.4　阴影去除实验结果对比分析

9.4.1　基于 AISD 数据集的对比实验分析

为了验证 DLA-PSO 和 ASOSD 方法在阴影去除方面的优越性，本小节从定性和定量的角度将所提方法与一些流行的经典方法进行了比较。经典方法有熵最小化法（简记为

EM）[21]、配对区域法（简记为 PR）[53]、LAB 颜色空间法（简记为 LAB）[50]、交互去阴影法（简记为 DS）[117]、色线法（简记为 CL）[118]、照明比率法（简记为 IR）[13]、相邻补偿法（简记为 AC）[119]、映射函数优化法（简记为 MFO）[6]、DC-ShadowNet 法[120]、SynShadow 法[121]和 SpA-Former 法[122]。考虑 DLA-PSO 和 ASOSD 方法的鲁棒性，本小节选择不同的场景进行对比实验。图像及其局部放大如图 9.5 所示。

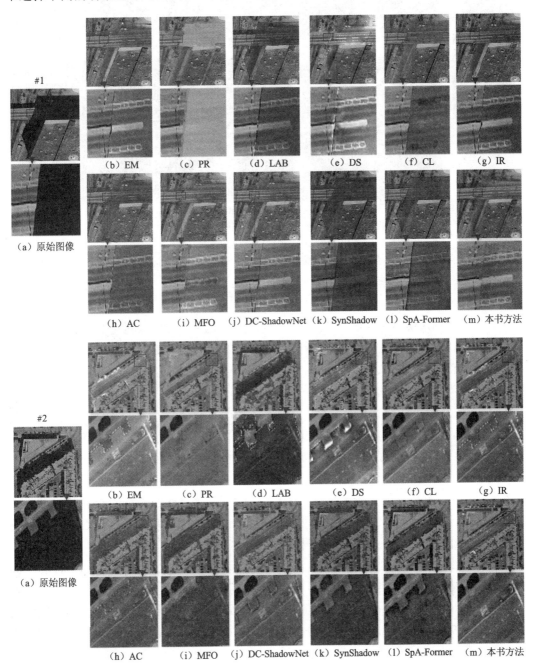

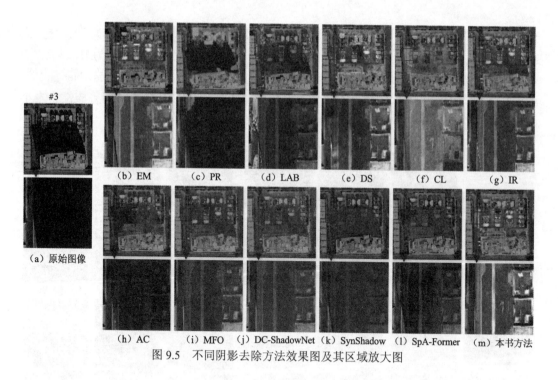

图 9.5　不同阴影去除方法效果图及其区域放大图

从图 9.5（b）可以看出，EM 方法采用熵最小化方法求解泊松方程，可实现对阴影的整体去除，但是在求解泊松方程的过程中计算复杂度较高，去除阴影后的区域与周围阳光照射区域存在色差。由于地物类型复杂，阴影信息衰减，采用 PR 方法对大部分阴影进行不匹配的照明信息补偿，如图 9.5（c）所示。图 9.5（d）是利用 LAB 颜色空间对阴影区域进行逐像素校正的结果。同样，IR 法通过亮度校正的方法，在图 9.5（g）中显示了阴影的整体调整。虽然以上两种方法都能恢复阴影内的照度信息，但结果的整体亮度较暗或与阳光照射区域存在明显色差。

DS 方法是一个动态交互的阴影去除过程，如图 9.5（e）所示。CL 方法可人工绘制颜色线作为采样点，实现图 9.5（f）中的阴影去除。以上两种方法均采用人工预设的阴影和光照区域作为粗糙输入，无法有效恢复不同地物的光照信息。图 9.5（h）和（i）都实现了阴影与光照块匹配去阴影的过程。不同的是，图 9.5（h）中的 AC 方法在空间相关性的基础上，利用相邻的光照块去除阴影块，可以有效地恢复部分阴影信息。MFO 方法是在区域匹配的基础上构建映射函数消除阴影，如图 9.5（i）所示。MFO 方法可以有效地去除阴影，但去除阴影后整体效果偏暗，部分区域存在失真。

DC-ShadowNet、SynShadow 和 SpA-Former 是常用的深度学习方法。虽然 DC-ShadowNet 在未配对样本条件下实现了阴影去除，但去除后区域与周围区域仍存在颜色差异，如图 9.5（j）所示。SynShadow 和 SpA-Former 方法分别对 CNN 进行改进，可实现阴影的去除，如图 9.5（k）和（l）所示，但在遥感影像中，SynShadow 和 SpA-Former 方法的去除效果较差。综上所述，本书方法在阳光照射区域中寻找与阴影颜色和梯度信息相似的阳光照射块，并以相应的阳光照射块为导向，实现阴影去除，如图 9.5（m）所示。

本小节集中分析阴影区域内常见的土地覆盖类型，即桥梁、道路、裸地。根据前文描述的阴影/非阴影样本的选取条件，计算三张重建阴影图像的相关量化指标，并列于表 9.3。由表 9.3 发现,对于不同的土地覆盖类型,本节方法的 SRI 、CD 均低于其他方法,说明使用本节方法去除后的阴影区域与光照区域在对比度及颜色方面更加一致。而本书所提出的非线性光照迁移阴影去除方法的 GMSD 值同样低于其他方法,说明去除后的阴影区域的整体结构与同一覆盖类型的光照区域更加相似。总的来说,从恢复程度、颜色差异、整体结构三个方面对本书的方法与现有的方法进行定量评价。实验证明,使用本书的方法去除后的阴影区域更加接近同一土地覆盖类型的光照样本。

表 9.3 不同阴影去除方法的定量评价指标

影像	类型	指标	EM	PR	LAB	DS	CL	IR	AC	MFO	DC-ShadowNet	SynShadow	SpA-Former	本书方法
#1	桥梁	SRI	13.616	57.053	32.985	25.885	11.055	17.633	19.169	13.927	34.001	15.481	16.657	**10.576**
		CD	4.545	56.993	32.243	22.648	4.352	15.741	17.658	10.570	33.504	1.556	12.531	**1.398**
		GMSD	0.239	0.251	0.237	0.227	0.233	0.241	0.245	0.237	0.276	0.274	0.246	**0.225**
#2	道路	SRI	77.061	13.467	36.702	18.965	81.063	26.449	41.567	16.480	27.838	13.726	24.207	**8.310**
		CD	74.401	3.670	10.903	13.444	78.972	21.759	40.875	15.904	25.702	8.155	16.603	**1.769**
		GMSD	0.290	0.269	0.338	0.290	0.295	0.281	0.264	0.283	0.287	0.281	0.301	**0.263**
#3	裸地	SRI	17.422	47.571	72.752	39.294	18.642	37.259	50.195	22.964	55.725	26.117	54.775	**14.009**
		CD	5.301	39.618	70.290	27.921	7.024	34.287	47.831	20.375	54.171	23.409	51.809	**2.044**
		GMSD	0.275	0.295	0.290	0.283	0.265	0.283	0.284	0.254	0.275	0.279	0.266	**0.252**
计算时间/s			7.90	6.40	6.94	7.91	6.28	10.41	11.76	70	6.93	12.34	8.68	**5.9**

对各自阴影去除方法的计算效率进行比较。本书方法在阴影去除过程中的平均计算时间在 5.9 s 左右,仍然优于其他阴影去除方法,表现出不错的计算性能。

9.4.2 阴影去除效果的三维视图描述

本书提出的 DLA-PSO 和 ASOSD 方法的阴影去除效果可以从三维角度更直观的表达。图 9.6(a)～(d)分别为原始图像和灰度值的三维图像。从图 9.6(b)、图 9.6(d)中可以发现,由于阴影亮度较差,在三维视图中阴影高度较低,且与周围光照区域存在

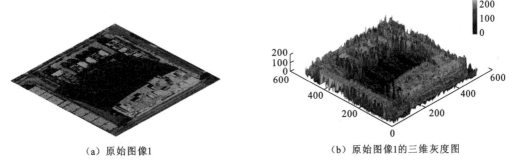

(a)原始图像1　　　　　　　　　　　(b)原始图像1的三维灰度图

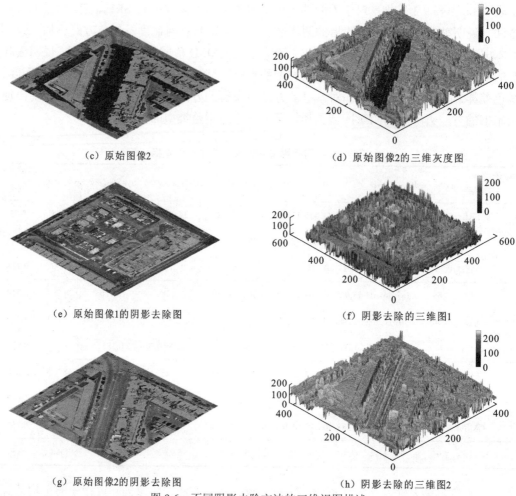

（c）原始图像2　　　　　　　　　　　　（d）原始图像2的三维灰度图

（e）原始图像1的阴影去除图　　　　　　　（f）阴影去除的三维图1

（g）原始图像2的阴影去除图　　　　　　　（h）阴影去除的三维图2

图 9.6　不同阴影去除方法的三维视图描述

巨大的断层带。图 9.6（e）～（h）为去阴影图像和去阴影后灰度值的三维图像。去阴影区域与周围阳光照射区域自然融合，如图 9.6（f）和（h）所示，证明非线性光照迁移阴影去除方法能够清晰地恢复阴影的内部细节，在去阴影方面表现出优异的性能。

9.4.3　阴影去除方法在其他常用开源数据集下的实验分析

本小节讨论 DLA-PSO 和 ASOSD 方法在其他流行数据集下的阴影去除性能。依旧选取 Inria 航空图像标注数据集及 ITCVD 数据集进行实验，以明确本书阴影去除方法在实际应用中的效果。在前文阴影检测的基础上，本小节对阴影去除结果进行进一步阐述，以验证所提出的方法在不同遥感影像地标下的阴影去除效果。

图 9.7 与图 9.8 中阴影内亮度较低的地物肉眼难以分辨。去除阴影后，原本被阴影遮挡的导流线、草坪、树木、裸地、道路等地标性建筑保留了原有的颜色和物质信息。阴影中的细节被有效地恢复，并与附近的阳光照射区域自然地融合在一起。总之，这些针对不同数据集的实验进一步证明了 DLA-PSO 和 ASOSD 方法在阴影去除方面具有良好的性能。

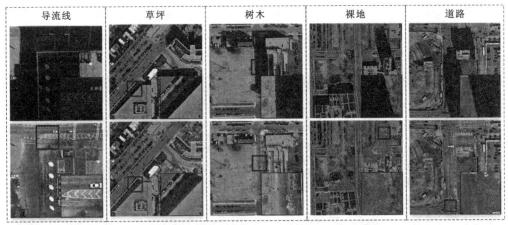

| 导流线 | 草坪 | 树木 | 裸地 | 道路 |

图 9.7　Inria 航空图像标注数据集中不同地标下的阴影去除效果

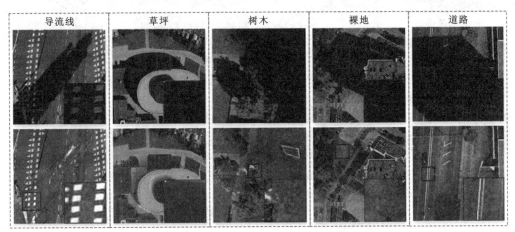

| 导流线 | 草坪 | 树木 | 裸地 | 道路 |

图 9.8　ITCVD 数据集中不同地标下的阴影去除效果

9.5　基于城市及植被场景中的阴影检测实验结果比较分析

9.5.1　城市场景中的阴影检测对比实验分析

由于每个城市的光照特征和城市建筑特征不同，本小节实验选取来自于 AISD 数据集中不同城市和地区（奥斯汀市、维也纳市、因斯布鲁克市、芝加哥市和蒂罗尔州）的图像及来自 Inria 数据集中的植被图像，对不同方法的表现进行定性及定量分析。图 9.9～图 9.13 中的（a）和（k）分别表示原始图像和人工标记的阴影标签。

1. 奥斯汀市影像的阴影检测对比实验分析

图 9.9 展现了不同对比方法在奥斯汀市的阴影检测结果。图 9.9（b）～（e）展示了传统方法的阴影检测结果。其中，C1C2C3 方法不能检测到大部分阴影区域，如图 9.9（e）所示，建筑物和树木无法从阴影中区分出来。在图 9.9（b）和（d）中，SRHI 和 HTD 方法错误地将深色屋顶检测为阴影区域。虽然 NB 方法可以将屋顶从阴影区域中分离出

来，但在图 9.9（c）中，植被引起的误差仍然会被误认为是阴影。从以上分析来看，以往的传统方法容易将受阳光照射的暗物体误检为阴影，而将被阴影照射的亮物体误认为是非阴影。

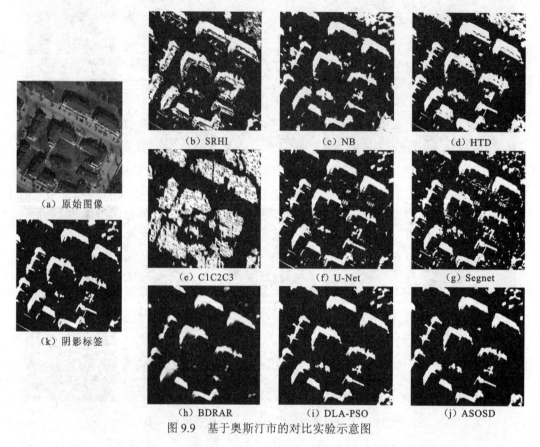

图 9.9　基于奥斯汀市的对比实验示意图

　　而对于深度学习方法，U-Net、Segnet 和 BDRAR 方法可以正确地检测到大部分阴影区域，没有明显的误差，但许多阳光照射物体（如车辆等）混合在一起，从而影响 U-Net 和 Segnet 方法的精度，如图 9.9（f）～（g）所示。与 U-Net 和 Segnet 方法相比，BDRAR 方法能获得更好的结果，并能消除车辆引起的误差。但是，阴影区域的边界特征模糊且不规则，导致细节上的一些误差。图 9.9（h）中的 BDRAR 方法不能有效识别狭窄的阴影。这是因为深度学习方法缺乏对遥感影像中复杂地物的学习能力。针对遥感影像中的阴影，本书提出的 DLA-PSO 方法同时考虑了阴影属性和容易混淆的物体（如高色相草地和高饱和度道路）的特征，基于 HSI 颜色空间设计了多通道模型，以实现对阴影的准确检测，更好地保留边界特征，如图 9.9（i）所示。同时，本书提出的 ASOSD 方法能够精确检测阴影区域，避免植被、车辆和屋顶的干扰，并且能够清晰、有规律地提取真实阴影边界，如图 9.9（j）所示。

　　从表 9.4 的定量指标来看，DLA-PSO 和 ASOSD 方法的准确率超过 96%，高于其他比较方法。而且，ASOSD 和 DLA-PSO 方法中的综合指标 F_{Measure} 在所有方法中表现最好，最高值为 0.9182。综上所述，DLA-PSO 和 ASOSD 两种方法检测到的阴影结果与奥斯汀市的人工标记的阴影样本更加一致。

表 9.4　奥斯汀市的阴影检测定量评价指标

项目	SRHI	NB	HTD	C1C2C3	U-Net	Segnet	BDRAR	DLA-PSO	ASOSD
Precision	0.5801	0.6687	0.6061	0.3228	0.8046	0.7383	0.9391	0.9646	0.9208
Recall	0.8623	0.8771	0.9718	0.7739	0.9482	0.9585	0.6903	0.8042	0.9156
$F_{Measure}$	0.6936	0.7589	0.7466	0.4556	0.8705	0.8341	0.7957	0.8771	0.9182
Acc	0.8774	0.9103	0.8938	0.7023	0.9546	0.9386	0.9429	0.9606	0.9737

2. 维也纳市影像的阴影检测对比实验分析

图 9.10 为维也纳市的阴影检测示意图。在图 9.10（b）～（e）中，虽然传统方法可以检测到阴影区域，但仍有部分较暗的屋顶被错误检测为阴影。从表 9.5 中可以看出，这种误检的情况会导致精度和 $F_{Measure}$ 值较低。而深度学习方法虽然相较于传统方法阴影检测效果有很大的提升，但是由于维也纳市地物的复杂特征，图 9.10（f）和（g）中的 U-Net 和 Segnet 方法对小目标物体的特征学习不足，导致一些树木和黑色车辆被误认为是阴影区域。从表 9.5 可看出，这两类方法的 Precision 值低，Recall 值较高，导致 $F_{Measure}$ 值偏低。BDRAR 方法中的建筑轮廓是光滑的，没有尖锐的棱角，在对小块阴影的检测上会存在误差，存在大量漏检的情况，如图 9.10（h）所示。这种缺陷导致 BDRAR 方法的 Precision 值很高，但是 Recall 值相应会很低，如表 9.5 所示。ASOSD 方法可以准确地检测出阴影区域，但是有一部分和阴影类似的屋顶在检测中误认为是阴影，如图 9.10（j）

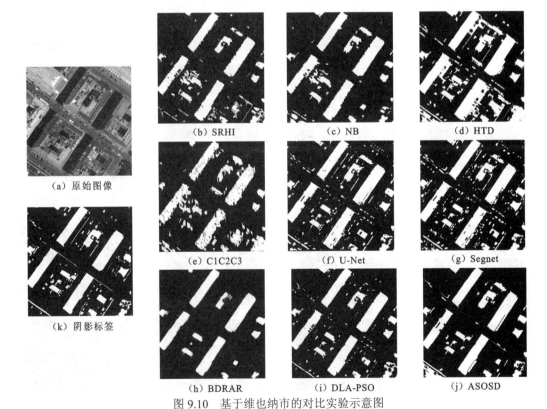

图 9.10　基于维也纳市的对比实验示意图

表 9.5 维也纳市的阴影检测定量评价指标

项目	SRHI	NB	HTD	C1C2C3	U-Net	Segnet	BDRAR	DLA-PSO	ASOSD
Precision	0.8362	0.8571	0.6852	0.7323	0.8650	0.8200	0.9760	0.9348	0.8995
Recall	0.7663	0.7708	0.9445	0.7467	0.9072	0.9180	0.7512	0.8443	0.8595
$F_{Measure}$	0.7997	0.8116	0.7942	0.7394	0.8865	0.8662	0.8490	0.8873	0.8771
Acc	0.9123	0.9183	0.8881	0.8797	0.9464	0.9374	0.9389	0.9510	0.9450

所示。这种影响导致 Precision 值低一些，但是综合评价指标 $F_{Measure}$ 值仍然高于绝大部分其他对比方法，显示出该方法在阴影检测上的优越性。如图 9.10（i）和表 9.5 所示，DLA-PSO 方法可以更准确地检测阴影面积，准确率为 95.1%。同时，综合评价指标 $F_{Measure}$ 值为 0.8873，是所有方法中值最高的。综上所示，ASOSD 和 DLA-PSO 方法在维也纳市的阴影检测中取得了很好的效果，在检测性能上优于其他方法。

3. 因斯布鲁克市影像的阴影检测对比实验分析

图 9.11 展现了不同对比方法在因斯布鲁克市的阴影检测结果。从图 9.11（b）、（d）、（e）的结果可以看出，SRHI、HTD 和 C1C2C3 方法错误地将深绿色屋顶检测为阴影，导致表 9.6 中的 Precision 和 $F_{Measure}$ 值较低。而 U-Net 和 Segnet 方法错误地将图上半部分被阳光照射的黑暗屋顶识别为阴影，但是整体检测效果较好，如图 9.11（f）和（g）所示。虽然 NB 和 BDRAR 方法[图 9.11（c）和（h）]都能很好地避免阳光照射暗地物的干扰，但从表 9.6 中的 $F_{Measure}$ 值可以看出，阴影检测的综合性能较低，准确率 Acc 略低

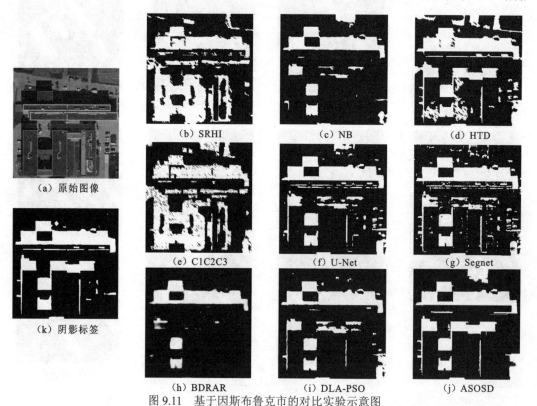

（a）原始图像

（k）阴影标签

（b）SRHI   （c）NB   （d）HTD

（e）C1C2C3   （f）U-Net   （g）Segnet

（h）BDRAR   （i）DLA-PSO   （j）ASOSD

图 9.11 基于因斯布鲁克市的对比实验示意图

表 9.6　因斯布鲁克市的阴影检测定量评价指标

项目	SRHI	NB	HTD	C1C2C3	U-Net	Segnet	BDRAR	DLA-PSO	ASOSD
Precision	0.4041	0.8775	0.6573	0.4195	0.8282	0.8116	0.9799	0.9036	0.8116
Recall	0.6552	0.6759	0.9413	0.7335	0.8529	0.8879	0.6104	0.8105	0.9062
F_{Measure}	0.4999	0.7636	0.7741	0.5337	0.8403	0.8480	0.7522	0.8545	0.8563
Acc	0.7072	0.9065	0.8773	0.7137	0.9276	0.9350	0.9102	0.9378	0.9321

于 DLA-PSO 和 ASOSD 两种方法。与深度学习方法相比，DLA-PSO 和 ASOSD 方法在可视化效果上稍有优势，但是也同样存在部分地物错检、漏检的情况。但是从表 9.6 可见，两种方法在检测综合性能上有提升，F_{Measure} 值为 0.85 左右，并且阴影检测准确率也处于对比实验中的前列。综上所述，DLA-PSO 和 ASOSD 方法在对因斯布鲁克市的遥感影像阴影检测中展现了较强的优势。

4. 芝加哥市区影像的阴影检测对比实验分析

图 9.12 为不同对比方法在芝加哥市的阴影检测结果。从图 9.12（b）、（d）、（e）的结果可以看出，SRHI、HTD 和 C1C2C3 方法将左上角较暗的路面和草坪检测为阴影。U-Net 和 Segnet 方法的阴影结果混合了额外的干扰（阳光照射的物体），如图 9.12（f）和（g）所示。图 9.12（h）中，BDRAR 方法会丢失小地物。从图 9.12 和表 9.7 可以看出，ASOSD 和 DLA-PSO 方法能够准确识别阴影区域，其检测综合性能 F_{Measure} 值在所有对比方法中较高，并且准确率在 95.0% 左右。

（a）原始图像

（k）阴影标签

（b）SRHI

（c）NB

（d）HTD

（e）C1C2C3

（f）U-Net

（g）Segnet

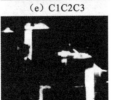

（h）BDRAR

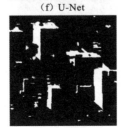

（i）DLA-PSO

（j）ASOSD

图 9.12　基于芝加哥市的对比实验示意图

表 9.7　芝加哥市的阴影检测定量评价指标

项目	SRHI	NB	HTD	C1C2C3	U-Net	Segnet	BDRAR	DLA-PSO	ASOSD
Precision	0.3937	0.8642	0.5299	0.5190	0.6805	0.5894	0.9048	0.9215	0.8987
Recall	0.8422	0.7043	0.9436	0.6908	0.8841	0.9268	0.6326	0.6837	0.7286
$F_{Measure}$	0.5365	0.7761	0.6787	0.5927	0.7691	0.7205	0.7446	0.7849	0.8047
Acc	0.8075	0.9462	0.8818	0.8744	0.9298	0.9049	0.9426	0.9490	0.9532

5. 蒂罗尔州影像的阴影检测对比实验分析

图 9.13 为在蒂罗尔州的阴影检测可视化效果图。由于在蒂罗尔州数据集中，植被和阴影之间的光谱比相似，SRHI、HTD 和 C1C2C3 方法错误地将草坪识别为阴影，如图 9.13（b）、（d）、（e）所示。从表 9.8 中可以看出，该类方法的 $F_{Measure}$ 值和 Acc 值极低，阴影检测效果极差。U-Net 和 Segnet 方法的结果错误地识别了小的阳光照射区域，大大降低了检测精度，如图 9.13（f）和（g）所示。NB 和 BDRAR 方法能很好地从原始图像中检测出阴影区域。ASOSD 和 DLA-PSO 方法两种方法准确率超过 97%，$F_{Measure}$ 值均高于其他方法，如表 9.8 所示。

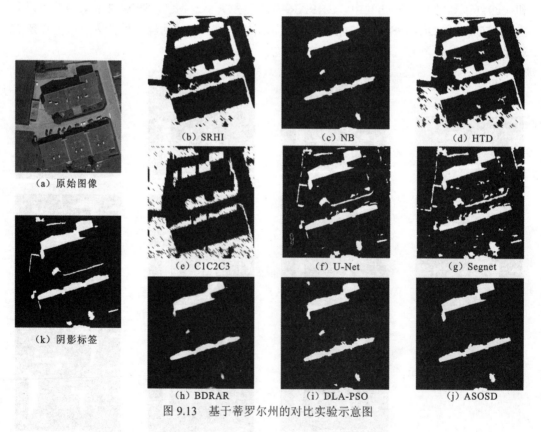

（a）原始图像　　（b）SRHI　　（c）NB　　（d）HTD

（k）阴影标签　　（e）C1C2C3　　（f）U-Net　　（g）Segnet

（h）BDRAR　　（i）DLA-PSO　　（j）ASOSD

图 9.13　基于蒂罗尔州的对比实验示意图

表 9.8　蒂罗尔州的阴影检测定量评价指标

项目	SRHI	NB	HTD	C1C2C3	U-Net	Segnet	BDRAR	DLA-PSO	ASOSD
Precision	0.1946	0.9888	0.2479	0.2125	0.8788	0.7646	0.9682	0.9822	0.9869
Recall	0.7872	0.7298	0.9934	0.7301	0.7176	0.7507	0.7238	0.7721	0.7888
$F_{Measure}$	0.3121	0.8398	0.3968	0.3292	0.7880	0.7576	0.8284	0.8646	0.8768
Acc	0.6146	0.9691	0.6646	0.6696	0.9357	0.9200	0.9667	0.9731	0.9754

9.5.2　植被场景中的阴影检测对比实验分析

本小节选取 Inria 航空数据集，探讨 DLA-PSO 和 ASOSD 方法在植被图像中的阴影检测效果。实验选取美国基特萨普地区和旧金山地区的植被图像，与现有的阴影检测方法进行定性和定量对比，验证所提方法的阴影检测性能。阴影检测对植被图像的可视化结果如图 9.14 和图 9.15 所示。

图 9.14 和图 9.15（b）～（e）显示了传统方法在植被图像中的阴影检测结果。同一地区的植被会因光照、土壤类型、植被类型等多种因素而呈现出轻微的颜色差异。一些颜色较深的植被在 SRHI 和 HTD 方法中会被误认为是阴影，如图 9.14 和图 9.15（b）、（d）所示。其次，由于植被阴影复杂，NB 和 C1C2C3 方法中有一些小阴影正好落在浅色植被上，造成误判，如图 9.14 和图 9.15 的（c）和（e）所示。图 9.14 和图 9.15（f）和（h）显示了深度学习方法对植被阴影检测的结果。与传统方法相比，深度学习方法的

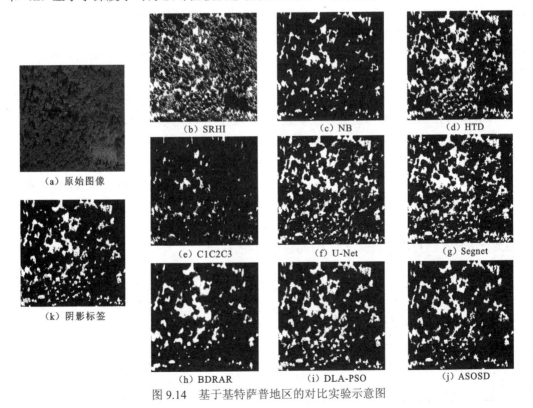

（a）原始图像　（b）SRHI　（c）NB　（d）HTD

（e）C1C2C3　（f）U-Net　（g）Segnet

（k）阴影标签　（h）BDRAR　（i）DLA-PSO　（j）ASOSD

图 9.14　基于基特萨普地区的对比实验示意图

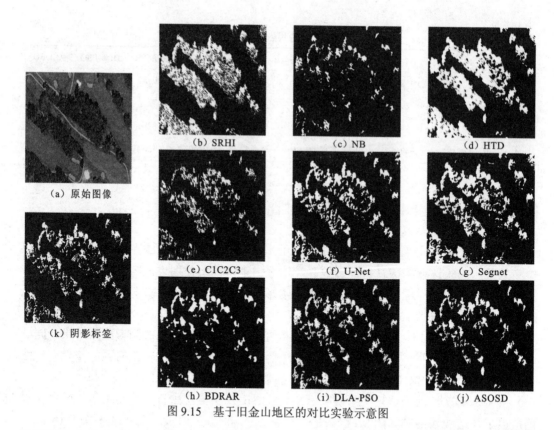

（a）原始图像

（k）阴影标签

（b）SRHI　　　　　　　（c）NB　　　　　　　（d）HTD

（e）C1C2C3　　　　　　（f）U-Net　　　　　　（g）Segnet

（h）BDRAR　　　　　　（i）DLA-PSO　　　　　　（j）ASOSD

图 9.15　基于旧金山地区的对比实验示意图

检测精度大大提高。但是，U-Net 和 Segnet 方法也存在误检，原因是这些模型不能学习遥感影像的不规则阴影。BDRAR 模型由于加入了双向金字塔机制，提高了阴影检测的性能，但是一些较小的植被阴影会被误认为是非阴影，这是由这些模型对于较小的目标阴影的学习能力不足造成的。DLA-PSO 和 ASOSD 两种方法可以实现小阴影的检测，检测到的阴影在视觉上更接近于植被的真实阴影，如图 9.14 和图 9.15（i）、（j）所示。

　　基特萨普地区和旧金山地区植被阴影检测的定量结果如表 9.9 和表 9.10 所示。从表中可以看出，传统的阴影检测方法在植被应用中的性能普遍较低，大多数情况下 F_{Measure} 值小于 70%。深度学习方法在阴影检测方面的性能优于传统方法，准确率在 90% 以上，大多数情况下 F_{Measure} 值在 80% 左右。特别是 BDRAR 模型由于良好的网络设计，其阴影检测性能要高于 U-Net 和 Segnet 方法，F_{Measure} 值达到 84%。DLA-PSO 与 ASOSD 两种方法精度最高可达 97%，F_{Measure} 值在各类对比方法中较高，性能优越。此外，DLA-PSO 与 ASOSD 方法在植被应用中检测到的阴影更符合地面真实情况。综上所述，DLA-PSO 与 ASOSD 方法在植被阴影检测方面同样具有优异的性能。

表 9.9　基特萨普地区植被阴影评价指标

项目	SRHI	NB	HTD	C1C2C3	U-Net	Segnet	BDRAR	DLA-PSO	ASOSD
Precision	0.4425	0.9998	0.6055	0.8889	0.7446	0.6962	0.9543	0.8856	0.8574
Recall	0.6665	0.6905	0.9101	0.3254	0.8824	0.9549	0.7607	0.9664	0.9594
F_{Measure}	0.5319	0.8169	0.7272	0.4764	0.8076	0.8053	0.8465	0.9243	0.9055
Acc	0.8241	0.9536	0.8976	0.8931	0.9391	0.9314	0.9613	0.9732	0.9668

表 9.10　旧金山地区植被阴影评价指标

项目	SRHI	NB	HTD	C1C2C3	U-Net	Segnet	BDRAR	DLA-PSO	ASOSD
Precision	0.5711	0.9436	0.4586	0.5482	0.6997	0.5840	0.9323	0.8665	0.8937
Recall	0.8397	0.4470	0.9986	0.4880	0.9412	0.9729	0.7208	0.9091	0.8069
$F_{Measure}$	0.6798	0.6066	0.6286	0.5164	0.8026	0.7299	0.8130	0.8873	0.8481
Acc	0.9103	0.9342	0.8697	0.8990	0.9583	0.9301	0.9630	0.9745	0.9670

第 10 章　智能迭代阈值搜索阴影检测与区域分组匹配阴影去除实验分析

为了验证所提出的阴影检测算法及阴影去除算法的有效性，本节将基于公共高分辨率遥感影像数据集，与阴影检测与去除领域经典算法及近年来所提出的优秀的深度学习方法进行定性与定量对比分析，进而评估所提出算法的性能。

10.1　实验数据与设置

目前不同用途的公共高分辨率遥感数据集有很多，但是面向高分辨率遥感影像阴影检测与去除的数据集很少，其中由 Luo 等[5]通过严苛的人工标注，经过多次检查和改进构建的专门用于阴影检测的高精度数据集 AISD 被广泛使用于遥感影像的阴影检测与去除工作中，该数据集空间分辨率高并且涵盖了多种土地覆盖类型，可从 https://github.com/RSrscoder/AISD 公开获取。

此外，为了验证所提出的阴影检测与去除算法的稳定性与适应性，引入其他常用开源数据集（Inria 及 ITCVD）进行补充实验对比。其中 Inria 数据集[111]是一个空间分辨率为 0.3 m 的航空正射影像数据集，其最初用于建筑物检测，但是由于其数据质量高、覆盖范围广而在遥感领域被广泛应用，数据可以从 Inria 项目网站（https://project.inria）公开获取。而 ITCVD[112]数据集同样是遥感领域中广泛使用的高质量数据集，其最初应用于目标检测，但也满足阴影检测与去除的质量要求，可从 https://research.utwente.nl/en/datasets/itcvd-dataset 公开获取。

本节的算法实验对比分析是在 64 位 Windows10 系统、Intel Core i5 11th Gen、16GB 内存上，使用 MATLAB R2021a 软件完成。其中深度学习方法对比实验是在 64 位操作系统 Ubuntu 20.04 进行的，配置了 NVIDIA GeForce GTX 3060 12GB 显卡和 32G 内存。本节所采用实验评价指标与第 9 章相同，具体可参照 9.2 节。

10.2　消融实验

为了分析基于区域分组匹配的阴影去除算法在高分辨率遥感影像阴影去除过程中各个步骤的有效性和必要性，本节选择几种具有代表性的影像，设计消融实验并展开分析。在实验分析过程中保证变量唯一性，从最开始使用整体光照区域加基于三维颜色空间的不规则区域色彩转移方法进行阴影去除，再逐步增加处理步骤。

如图 10.1（b）所示，仅用整个光照区域对整个阴影区域进行阴影去除，对于光照区域色彩分布较为均匀的图像效果不错，但是若在光照区域中出现大面积的偏亮区域将会导致阴影区域恢复结果亮度和颜色与真实情况存在明显色差。加入阴影边缘膨胀裁剪光照区域步骤后影像如图 10.1（c）所示，使用裁剪出来的部分光照区域对阴影区域进行阴影去除，结果有明显改善，阴影区域恢复结果的颜色亮度更接近真实情况。最后加入阴影、光照区域，分组后进行特征匹配，并逐对进行阴影去除步骤。如图 10.1（d）所示，阴影区域恢复结果与同一张图片中真实无阴影区域亮度、颜色、纹理最为接近。

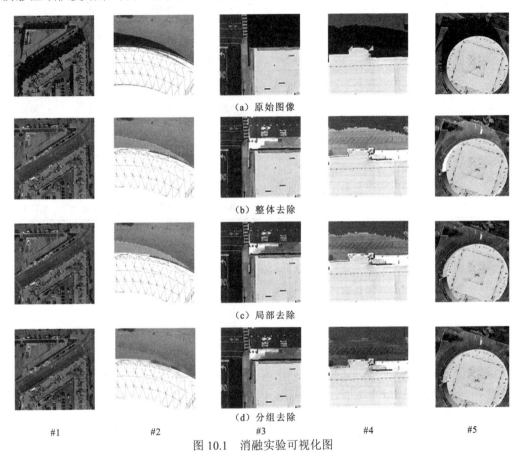

（a）原始图像

（b）整体去除

（c）局部去除

（d）分组去除

#1　　　　　#2　　　　　#3　　　　　#4　　　　　#5

图 10.1　消融实验可视化图

进一步，对消融实验各步骤结果进行指标评价。由于遥感数据集通常缺少真实地面无阴影标签图，通过人工随机标注阴影区域和非阴影区域具有相同土地覆盖类型的匹配样本，样本选取过程中保证阴影区域所选样本像素个数近似等于非阴影区域所选样本像素个数，匹配样本选取如图 10.2 所示。

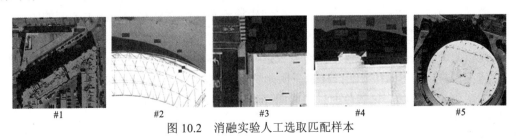

#1　　　　　#2　　　　　#3　　　　　#4　　　　　#5

图 10.2　消融实验人工选取匹配样本

消融实验各步骤结果指标评价如表 10.1 所示，阴影恢复指数（SRI）、颜色差异度（CD）及梯度幅度相似偏差（GMSD）三项评价指标值均随着步骤添加而降低，即阴影去除效果随着步骤添加而变得更好，这证明了基于区域分组匹配的阴影去除算法中各步骤的必要性。

表 10.1 消融实验指标对比

指标	整体去除	局部去除	分组去除	#1	#2	#3	#4	#5
	√			16.4088	22.7445	32.7857	57.0616	28.1120
SRI	√	√		16.1698	15.6170	17.4420	30.9273	11.7341
	√	√	√	**10.5800**	**3.1008**	**7.9200**	**5.2790**	**9.3573**
	√			14.5647	22.6954	32.3304	56.3598	27.2325
CD	√	√		13.8755	15.5150	16.8988	30.1477	7.9020
	√	√	√	**6.6279**	**2.7056**	**6.0357**	**4.7311**	**5.2682**
	√			0.2681	0.4336	0.3161	0.2939	0.2406
GMSD	√	√		0.2599	0.4290	0.3182	0.2930	0.2376
	√	√	√	**0.2522**	**0.4244**	**0.3160**	**0.2907**	**0.2320**

10.3 阴影检测结果对比分析

为了验证所提出方法的有效性，将自适应加权白鲸智能优化算法（AW-BWO）与 C1C2C3、HTD、NB、SRHI、U-Net[123]、BDRAR[39]、FDRNet[124] 及 MTMT[125] 等方法进行比较分析。其中：C1C2C3、HTD、NB 与 SRHI 方法是经典的无监督阴影检测方法；U-Net 是深度学习中经典的语义分割网络；BDRAR、FDRNet 及 MTMT 则是近年来阴影检测领域中所提出的优秀算法模型。

10.3.1 阴影检测定性分析

如图 10.3 所示，选取 AISD 数据集中具有代表性的 3 张图片进行可视化定性分析。其中，图 10.3（a）和（b）为原始图像与真实的阴影标签，图 10.3（c）～（j）为不同对比方法的检测结果，图 10.3（k）为 AW-BWO 方法的检测结果。

通过图 10.3 可以看到，传统的无监督阴影检测算法虽然能够检测到大范围的阴影区域，但是容易受到遥感成像场景中不同地物的干扰，从而误检、漏检。如 C1C2C3 法对反射光较为敏感，因此对场景中具有低反射率特点的地物无法有效区分，容易造成阴影误检情况。HTD 与 SRHI 方法同样由于阴影特征提取不充分，检测结果中误检情况较多。而 NB 法仅仅通过归一化蓝色通道提取阴影特征，判断依据较为单一，导致检测结果中漏检情况较多。

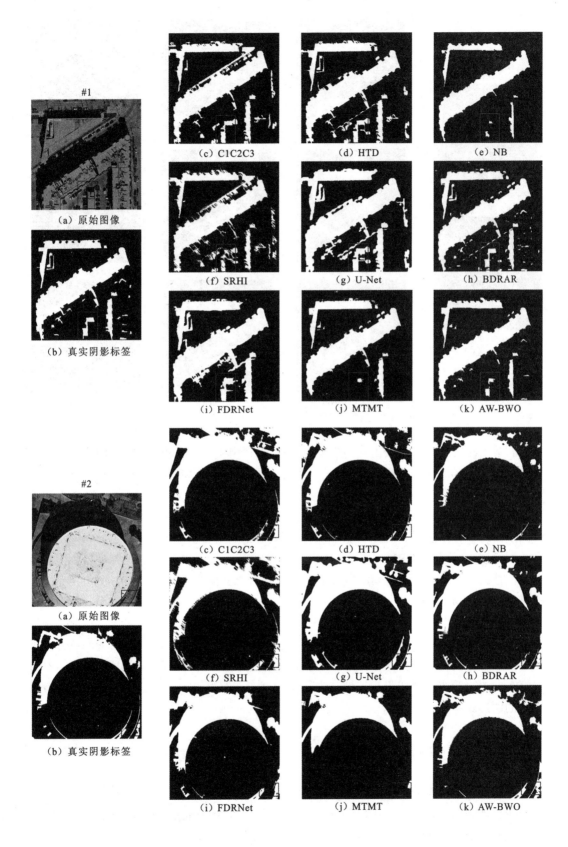

#1

（a）原始图像

（b）真实阴影标签

（c）C1C2C3 （d）HTD （e）NB

（f）SRHI （g）U-Net （h）BDRAR

（i）FDRNet （j）MTMT （k）AW-BWO

#2

（a）原始图像

（b）真实阴影标签

（c）C1C2C3 （d）HTD （e）NB

（f）SRHI （g）U-Net （h）BDRAR

（i）FDRNet （j）MTMT （k）AW-BWO

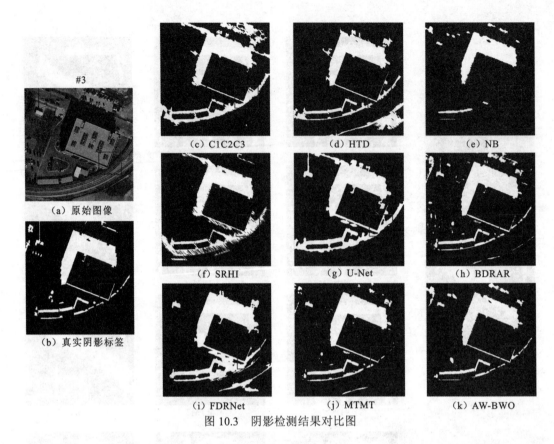

图 10.3　阴影检测结果对比图

　　而基于深度学习的方法由于网络模型结构设计不同，在遥感影像阴影检测任务中表现也不同。图 10.3（g）为 U-Net 方法检测结果，可以看出 U-Net 方法将图像中一些浅色、暗色地物错误地分类为阴影，这是由于 U-Net 方法仅考虑同一尺度特征图，缺乏多尺度特征作为检测结果的补充。如图 10.3（h）所示，BDRAR 方法主要用于自然影像的阴影检测，因此在复杂的遥感成像场景下阴影检测性能大大降低，对于场景中分布散乱的小区域误检现象较多。FDRNet 方法虽然对阴影边缘轮廓较为敏感，但是容易受到阴影区域周围地物的干扰，从而将周围分布的杂散地物合并到阴影中，如图 10.3（i）所示。而 MTMT 方法对轮廓明显的阴影区域检测结果较好，但是考虑阴影特点不充分，导致面积较小的阴影区域漏检，如图 10.3（j）所示。

　　与上述方法相比，所提出的 AW-BWO 方法考虑了阴影在多颜色空间下的特征，因此对阴影特征的提取较为充分，能够有效避免错检漏检的情况，并且在阴影检测过程中，对汽车、树冠等容易造成干扰的地物进行了处理，能够准确地检测遥感成像场景下分布不均的阴影。

10.3.2　阴影检测定量分析

　　进一步，本小节针对一系列对比方法的阴影检测结果，以及所提出 AW-BWO 方法的阴影检测结果，进行定量指标评价。图 10.3 所示图像的指标评价结果如表 10.2 所示，可以看到，AW-BWO 方法除了第三幅图的 F_{Measure} 指标略低于 MTMT 方法，其他的阴影

检测结果的 $F_{Measure}$ 指标及 OA 得分均高于其他对比方法，这说明 AW-BWO 方法的误检与漏检情况更少，并且整体阴影检测精度更优。

表 10.2　阴影检测方法定量评价

图像	指标	C1C2C3	HTD	NB	SRHI	U-Net	BDRAR	FDRNet	MTMT	AW-BWO
#1	Precision/%	82.44	85.59	99.94	78.93	73.05	89.04	77.08	90.89	98.25
	Recall/%	83.62	95.83	74.07	88.28	97.43	95.14	96.92	93.14	87.21
	OA/%	91.78	94.59	93.08	90.60	89.74	96.10	91.50	95.69	**96.18**
	$F_{Measure}$/%	83.03	90.42	85.08	83.34	83.50	91.99	85.87	92.00	**92.40**
#2	Precision/%	74.03	82.20	95.95	71.80	71.26	80.09	83.18	86.88	90.55
	Recall/%	97.32	96.56	78.14	94.24	99.46	99.38	96.86	89.14	90.93
	OA/%	90.56	94.42	94.23	90.19	90.68	94.19	94.79	94.74	**95.74**
	$F_{Measure}$/%	84.09	88.80	86.13	81.50	83.03	88.70	89.50	88.00	**90.74**
#3	Precision/%	59.85	68.25	94.03	63.75	62.82	76.60	61.68	87.44	89.29
	Recall/%	89.56	89.36	70.63	87.09	93.01	97.28	91.93	91.44	88.59
	OA/%	89.78	92.43	95.10	90.95	91.01	95.30	90.55	96.46	**96.81**
	$F_{Measure}$/%	71.75	77.39	80.67	73.61	74.99	85.71	73.82	89.39	88.94

10.3.3　阴影检测性能分析

本小节使用包含 51 张测试图像的测试集进行性能分析。测试集中的影像风格各异：如图 10.4（a）所示，该区域高层建筑较为密集，阴影比较明显且形状规则；如图 10.4（b）所示，该区域建筑较为分散，因此阴影分布较为散落；如图 10.4（c）所示，该区域建筑与树木分布紧密，阴影形状较为复杂。

（a）代表影像1　　　　　　　　（b）代表影像2　　　　　　　　（c）代表影像3

图 10.4　测试集代表影像

将 AW-BWO 方法与前述一系列对比方法在测试集上进行比较。不同方法在测试集的平均 OA 值、平均 $F_{Measure}$ 值及计算时间如表 10.3 所示。

表 10.3　测试集上不同阴影检测方法平均精度对比及计算时间

指标	C1C2C3	HTD	NB	SRHI	U-Net	BDRAR	FDRNet	MTMT	AW-BWO
OA/%	75.10	88.67	92.19	79.31	87.41	92.17	86.59	92.57	**93.10**
F_{Measure}/%	62.62	76.84	80.94	65.56	74.33	81.84	75.32	82.39	**83.86**
计算时间/s	0.7046	0.3760	0.4109	0.6458	0.1432	0.3649	0.1496	0.2287	0.2103

由表 10.3 可以看出，本书所提出的 AW-BWO 方法鲁棒性最好，平均 F_{Measure} 达到了 83.86%，OA 则达到了 93.10%，相较于传统的 C1C2C3、HTD 与 SRHI 方法有大幅提高，而对比 NB 方法也有显著提高。此外，AW-BWO 方法的单张影像平均计算时间约为 0.2103 s，与 C1C2C3、NB、HTD 及 SRHI 等方法相比速度提升明显，并且精度更高。与深度学习方法相比，AW-BWO 方法不需要训练集进行预先训练，并且平均计算时间要小于 BDRAR 和 MTMT 方法，虽然略高于 U-Net 与 FDRNet 方法，但是检测精度有着显著提升，并且可视化效果也要更好。

箱形图是一种用于显示数据分布情况的统计图表，它通过图形方式展示了一组数据的中位数、上下四分位数、最大值和最小值，从而直观地显示数据的中心趋势、离散程度以及存在的异常值。考虑仅仅比较分析平均 OA 与平均 F_{Measure} 不够全面，无法反映出数据的分布情况，并且有可能受到极端值（异常值）的影响，导致平均值失去代表性，本小节通过箱形图来展示 AW-BWO 方法与不同对比方法在测试集中的 OA 与 F_{Measure} 的分布情况，从整体数据分布情况来评价不同方法的精度。

图 10.5 展示了不同方法在测试集中 OA 指标的分布情况。虽然 MTMT、BDRAR 方法的最大值与 AW-BWO 方法接近，但是可以看出 AW-BWO 方法的最小值更大，这说明该方法有更高的下限。通过比较分布区域的大小可以明显看出，AW-BWO 方法的 OA 值分布更为集中，说明 AW-BWO 方法在不同场景下的阴影检测结果准确率更加稳定。

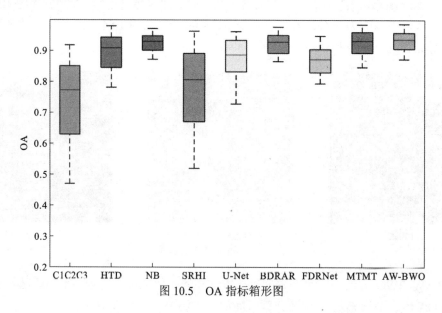

图 10.5　OA 指标箱形图

图 10.6 展示了不同方法在测试集中 F_{Measure} 指标分布情况。可以看到，AW-BWO 方法的盒子最小，并且分布区域也最小，这说明 AW-BWO 方法的 F_{Measure} 指标得分区间较为聚集，相较于其他方法具有更好的稳定性。

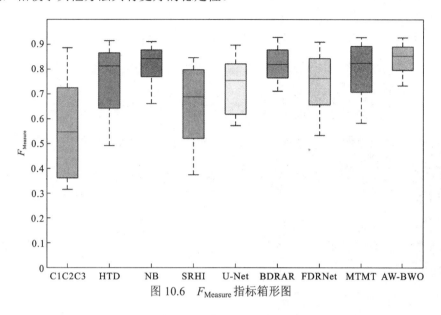

图 10.6 F_{Measure} 指标箱形图

10.4 阴影去除实验结果对比分析

为了验证基于区域分组匹配的阴影去除方法的有效性与优越性，本节与一系列阴影去除方法进行实验对比，这些方法不仅包括经典的色线法（简记为 CL）[118]、交互去阴影法（简记为 DS）[117]、熵最小化法（简记为 EM）[21]、直方图匹配法（简记为 HMC）[126]、照明比率法（简记为 IR）[13]、LAB 颜色空间法[50]、配对区域法（简记为 PR）[53]，还包括近几年所提出的映射函数优化法（简记为 MFO）[6]、G2R-ShadowNet 法[127]、SpA-Former 法[122] 及 SynShadow 法[121]。

10.4.1 阴影去除结果的定性分析

图 10.7 展示了多种对比方法及基于区域分组匹配的阴影去除方法的阴影去除效果及局部放大图。从图中可以看到，CL 和 DS 方法都是采用人工动态交互去阴影，通过人为预先粗略标记阴影区和非阴影区，然后根据阴影区域和非阴影区域像素进行动态学习，这种方法依赖人工标记结果，通常对于阴影区域内部不同地物恢复效果较差，地物差异特征丢失，甚至产生全黑区域。

EM 方法通过计算图像区域熵求解泊松方程来重建阴影区域无阴影图像，虽然能够实现阴影去除，但是由于该方法是基于图像全局特征进行处理的，很难处理具有复杂光照和阴影交叉的细节部分，重建的无阴影图像与原图像有着明显的色差。HMC 方法虽然计算简单并能有效地恢复阴影区域地物特征，但是该方法忽略了阴影区域和非阴影区域内部的色调一致性，会导致阴影区域去除阴影后的结果与非阴影区域存在明显的光谱差异性。LAB 颜色空间法通过找到每个阴影区域附近非阴影区域并根据颜色通道平均值计算出来一个常数，然后将阴影区域像素乘以该常数以实现阴影区域与非阴影区域相同的照明，但是这种方法通常在阴影边缘会出现过度照明情况，导致边缘异常。

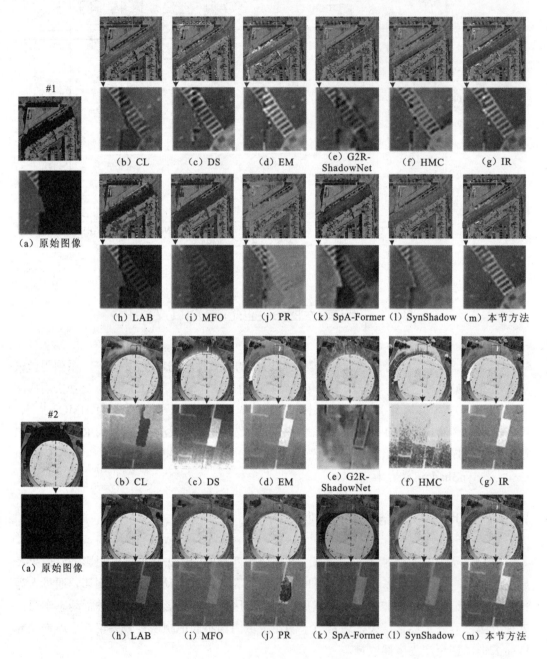

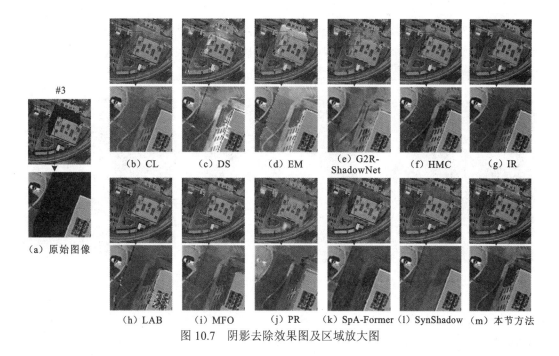

#3

（a）原始图像

（b）CL （c）DS （d）EM （e）G2R-ShadowNet （f）HMC （g）IR

（h）LAB （i）MFO （j）PR （k）SpA-Former （l）SynShadow （m）本节方法

图 10.7　阴影去除效果图及区域放大图

　　IR 方法通过阴影区域与非阴影区域的照明比率来从原始图像中校正阴影区域亮度，能够实现阴影区域整体恢复，但是由于该方法仅针对阴影区域整体进行简单调整，去除后的结果会出现整体偏亮或偏暗的效果。MFO 方法对图像进行超像素分割并应用基于分布的映射函数来恢复阴影区域中的每个像素，该方法能够有效去除阴影，但是结果整体偏暗，甚至可能会出现图像失真现象。配对区域法 PR 通过将图像进行分类切割并进行匹配，然后构建一种照明模型来恢复阴影区域，该方法对地物类型简单的自然图像有着很好的效果，但是对地物特征更为复杂的遥感影像匹配效果不佳，可能导致大部分阴影区域内信息恢复错误。

　　与上述方法相比，G2R-ShadowNet 作为一种基于深度学习的弱监督阴影去除方法能够保证阴影区域和光照区域光谱一致性，但是由于该方法仅考虑了阴影区域附近的一部分信息，恢复后的阴影区域丢失大量纹理信息。而 SpA-Former 和 SynShadow 方法都是基于 CNN 的创新方法，能够完成阴影去除任务，但是在地物类型特征复杂的遥感影像中，二者处理结果都不尽如人意，阴影去除后的区域纹理损失严重，并且与非阴影区域存在明显的色差和边界效应。

　　相比以上多种阴影去除方法，基于区域分组匹配的阴影去除方法对高分辨率遥感影像的阴影去除能够很好地恢复局部阴影区域纹理与颜色特征，并且视觉效果也与非阴影区域更加接近。此外该方法对阴影区域和非阴影区域过渡部分进行了边界优化，使从阴影区域到非阴影区域过渡得更为自然。

10.4.2　阴影去除结果的定量分析

　　遥感影像很难获取同一块区域的阴影与无阴影图像，缺少真实地面无阴影标签图，因此本小节选取三张阴影去除后的影像并人工标注阴影区域和非阴影区域具有相同土地覆盖类型的匹配样本，样本选取过程中应保证阴影区域所选样本像素个数近似等于非阴影区域所选样本像素个数，匹配样本选取如图 10.8 所示。

#1 #2 #3

图 10.8　人工选取匹配样本

根据匹配样本计算阴影恢复指数（SRI）、颜色差异度（CD）及梯度幅度相似偏差（GMSD）三项评价指标，并定量评价阴影去除效果。从表 10.4 中可以看出，基于区域分组匹配的阴影去除方法在三张不同场景下的影像的 SRI、CD 及 GMSD 三项指标相比其他方法均达到最低，尤其 SRI 明显优于其他 11 种方法（编号 b~l），并且 SRI、CD 值相较于其他方法也表现得更加稳定，这说明使用基于区域分组匹配的阴影去除方法去除影像阴影后的阴影区域不仅颜色和对比度与具有相同土地覆盖类型的非阴影区域更为一致，而且阴影内部纹理信息保存完整，在整体纹理结构上与非阴影区域也更为相似。

表 10.4　阴影去除方法定量评价

图像	指标	b	c	d	e	f	g	h	i	j	k	l	本节方法
#1	SRI	13.013	27.339	17.079	33.923	17.006	17.445	78.386	32.780	40.018	37.683	19.509	**10.580**
	CD	8.832	18.311	13.129	26.384	6.628	14.486	78.222	32.216	39.817	36.732	17.874	**6.628**
	GMSD	0.257	0.274	0.287	0.266	0.290	0.286	0.281	0.262	0.254	0.255	0.265	**0.252**
#2	SRI	55.064	19.287	27.154	43.171	37.914	28.335	54.396	28.590	48.508	32.086	30.890	**9.357**
	CD	53.767	8.395	26.026	41.175	33.403	27.452	54.233	27.961	46.990	31.628	29.398	**5.268**
	GMSD	0.252	0.237	0.238	0.247	0.283	0.239	0.263	0.286	0.292	0.266	0.286	**0.232**
#3	SRI	48.698	68.802	24.835	35.286	16.374	17.736	62.077	25.023	56.157	47.831	20.760	**11.766**
	CD	44.558	61.646	20.342	28.142	8.344	8.912	60.377	22.928	54.055	46.210	20.177	**5.662**
	GMSD	0.249	0.252	0.275	0.270	0.271	0.279	0.260	0.228	0.281	0.214	0.246	**0.212**

注：b-CL；c-DS；d-EM；e-G2R-ShadowNet；f-HMC；g-IR；h-LAB；i-MFO；j-PR；k-SpA-Former；l-SynShadow

10.4.3　地表覆盖分类对比

　　为了更直观地评估不同方法的阴影去除效果，本小节采用 k-means 聚类算法将各方法阴影去除结果进行地表覆盖分类。图 10.9 展示了经过不同对比方法阴影去除结果的地表覆盖分类图。遥感影像经过阴影去除后，阴影区域与非阴影区域中的相同地物在地表覆盖分类图中应当分为一类，因此，通过分析地表覆盖分类图中阴影区域与非阴影区域相同地物的分类情况，即可直观地评估不同方法的阴影去除效果。

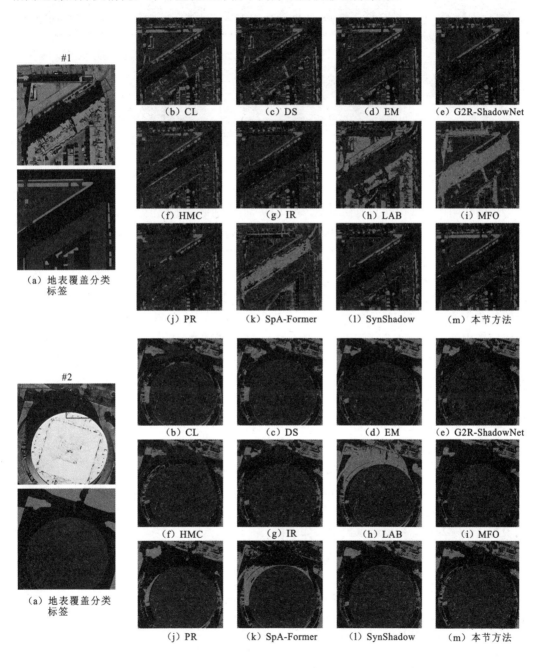

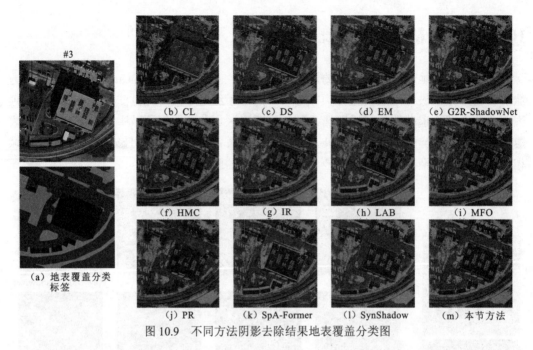

（a）地表覆盖分类
标签

（b）CL　（c）DS　（d）EM　（e）G2R-ShadowNet

（f）HMC　（g）IR　（h）LAB　（i）MFO

（j）PR　（k）SpA-Former　（l）SynShadow　（m）本节方法

图 10.9　不同方法阴影去除结果地表覆盖分类图

　　图 10.9（a）中手工标注了 3 张图像的地表覆盖分类标签，并框画了每幅图像阴影区域与周围非阴影区域相同的地物类型。图 10.9 #1 分别框画了图像上方的草坪与道路及中间的道路；图 10.9 #2 分别框画了图像左上角的灌木丛及中间的地标和道路；图 10.9 #3 分别框画了图像上方的公路、中间的草坪及下方的道路。

　　由图 10.9 可以看出，在框画的具有相同地表覆盖类型的阴影与非阴影区域中，HMC、LAB、MFO、PR 及 SpA-Former 方法在图 10.9 #1 的分类结果就出现了明显的错误分类，阴影和非阴影区域相同的地物被错分为了两类。而 CL 方法在图 10.9 #2 的分类结果中将阴影区域内同一地物错分成了两类。DS、EM 方法在图 10.9 #3 的分类结果中，将阴影与非阴影区域的道路分为了两类。G2R-ShadowNet、IR 及 SynShadow 方法在图 10.9 #1 和图 10.9 #2 的分类结果中对草坪、灌木丛等区域则存在明显的错误分类，并且 G2R-ShadowNet 方法在第三幅图中的道路分类也不对。而基于区域分组匹配的阴影去除方法能够很好地恢复局部阴影区域纹理与颜色特征，并且视觉效果也与非阴影区域更加接近。从图 10.9 #3 中的框选部分均可以看出，无论是对草坪、灌木丛还是道路，基于区域分组匹配的阴影去除方法的分类结果相比其他方法都更加准确。

　　除了通过可视化分析不同方法阴影去除结果的地表覆盖分类图，本节还手工标注了3 张图像的地表覆盖分类标签，并通过 Kappa 系数来定量地评价各方法阴影去除结果的地表覆盖分类精度。Kappa 系数定义如下：

$$Kappa = \frac{OA - PRE}{1 - PRE} \tag{10.1}$$

$$OA = \frac{TN + TP}{TP + FP + TN + FN} \tag{10.2}$$

$$PRE = \frac{(TP + FN) \times (TP + FP) + (TN + FP) \times (TN + FN)}{(TP + FP + TN + FN)} \tag{10.3}$$

　　基于手工标注的地表覆盖分类标签，对不同方法阴影去除结果的地表覆盖分类图进行了 Kappa 系数指标评价。由表 10.5 可以看出，基于区域分组匹配的阴影去除方法阴影去除结果地表覆盖分类图的 Kappa 系数要高于其他对比方法，这说明基于区域分组匹配的阴影去除方法能够更好地恢复局部地物的颜色特征，相比于其他的方法有着更高的分类精度。

表 10.5　不同方法阴影去除结果地表覆盖分类精度对比

指标	图像	b	c	d	e	f	g	h	i	j	k	l	本节方法
	#1	0.6382	0.6346	0.6284	0.6485	0.6075	0.6693	0.2790	0.3888	0.5404	0.4102	0.6754	**0.6801**
Kappa	#2	0.7831	0.8106	0.8450	0.8479	0.7664	0.8415	0.7061	0.8438	0.8328	0.7501	0.8514	**0.8654**
	#3	0.5507	0.5579	0.5584	0.5570	0.5414	0.5828	0.5557	0.5339	0.5820	0.5690	0.6016	**0.6062**

注：b-CL；c-DS；d-EM；e-G2R-ShadowNet；f-HMC；g-IR；h-LAB；i-MFO；j-PR；k-SpA-Former；l-SynShadow

10.4.4　阴影去除结果三维视图表达

对于基于区域分组匹配的阴影去除方法的阴影去除结果，可以通过对比其前后三维灰度图来直观地评估阴影去除效果。图 10.10（a）为原始图像及其灰度图的三维视图，可以看到，原始图像中阴影的存在，导致阴影区域的灰度值相比非阴影区域明显较低，因此在使用三维视图表达原始图像灰度值时，阴影区域与非阴影区域有着明显差异。而

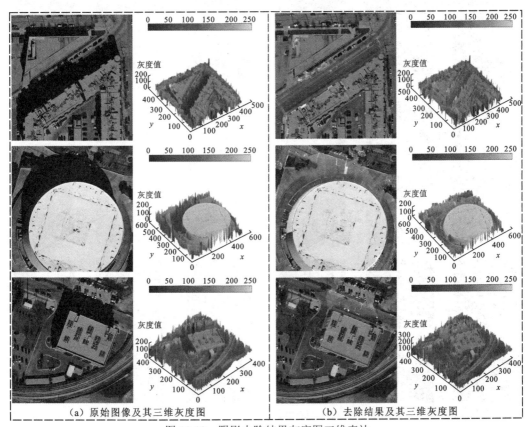

（a）原始图像及其三维灰度图　　　（b）去除结果及其三维灰度图

图 10.10　阴影去除结果灰度图三维表达

图 10.10（b）为基于区域分组匹配的阴影去除方法阴影去除结果及其三维灰度图，可以看到，经过基于区域分组匹配的阴影去除方法阴影去除后，结果图像阴影区域的颜色信息得到了有效恢复，其视觉效果也与非阴影区域更加接近，此时再使用三维视图表达原始图像灰度值时，去阴影区域能够与非阴影区域自然地融合在一起。

10.5 边界优化结果实验对比分析

为了验证本书提出的边界优化方法的有效性和稳定性，本节将所提出的边界优化方法与均值滤波、中值滤波、高斯滤波及双边滤波等经典算法进行对比。

如图 10.11（a）所示，影像经过阴影去除后，在原本的阴影区域和光照区域之间的过渡处会产生噪点。图 10.11（b）为使用均值滤波优化后的结果，可以看到均值滤波对边缘和纹理的保留不足，会产生一条"模糊"带。这是由于均值滤波是简单地使用中心像素点周围邻域的平均值来替代中心点像素值，以减少噪声的影响，在降低噪声的同时会导致图像细节的损失。

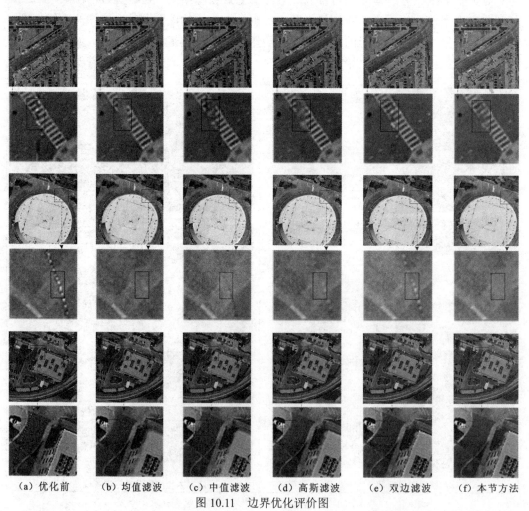

　（a）优化前　　　（b）均值滤波　　　（c）中值滤波　　　（d）高斯滤波　　　（e）双边滤波　　　（f）本节方法
图 10.11　边界优化评价图

使用中值滤波优化后的结果如图 10.11（c）所示，可以看到在过渡区仍存在明显的裂缝，并且在边界两边有着明显颜色差的区域会丢失大量信息。这是由于中值滤波使用中心像素点周围邻域的中值作为该像素的新值，在平滑的过程中忽略了邻域中像素点的差异性，导致信息丢失。

图 10.11（d）为使用高斯滤波优化后的结果，可以看到边界变得更为模糊，丢失了纹理细节。这是因为高斯滤波使用高斯函数计算出的权重来平滑图像。它通过中心像素值与周围像素值的加权平均值来降低噪声，但是在降噪的过程中可能会模糊图像，平滑度较差。这种情况在图像纹理细节方面尤为明显。

使用双边滤波优化后的结果如图 10.11（e）所示，可以看到边界处的裂缝有一定程度的改善，但是仍较明显。这是因为双边滤波结合了空间邻域和像素强度的信息来减少噪声。然而在边界部分，由于噪声较为集中，滤波过程中异常点空间距离权重过大，边界处噪声去除效果不明显。

图 10.11（f）展示了顾及空间结构信息与值域信息的动态加权边界优化结果。采用反距离加权法来计算空间距离权重，可以有效去除集中区域的噪声。而在邻域窗口内对像素进行分类，然后动态调整从过渡带到两边的权重，从而保证从阴影区域到光照区域的自然过渡。并且无论是在颜色较为一致的区域，还是在色差较大的区域，所提出的顾及空间结构信息与值域信息的动态加权边界优化方法都能保证较好的优化结果，稳定性更强。

10.6 其他数据集下的实验分析

10.6.1 阴影检测方法在其他数据集下的实验分析

本节基于其他常用开源数据集（Inria、ITCVD），验证所提出的 AW-BWO 方法的性能。Inria 和 ITCVD 数据集主要用于建筑物提取及目标检测，缺少真实阴影标签，因此，本小节手工标注各个数据集不同场景下部分遥感影像的真实阴影标签，并基于此进行定性定量实验分析。

图 10.12 展示了 AW-BWO 方法在 Inria 航空影像标注数据集中不同遥感成像场景下的阴影检测结果。可以看出，AW-BWO 方法在该数据集中针对不同的场景均能够有效地检测出阴影区域，并且检测结果的阴影边缘轮廓比较明显，不受场景中各类型地物影响，有较强的适应性与鲁棒性。

进一步，对 AW-BWO 方法在 Inria 数据集的阴影检测结果进行指标评价，如表 10.6 所示。可以看到，AW-BWO 方法在不同场景下的阴影检测结果的 OA 与 $F_{Measure}$ 值均在 90%以上，这说明本书所提出阴影检测方法在 Inria 数据集的不同场景下有着良好的性能。

此外，基于 ITCVD 数据集测试 AW-BWO 方法的有效性。如图 10.13 所示，同样是选取几张不同场景、不同尺度的影像作为实验数据。可以看出，针对不同的场景与尺度，AW-BWO 方法在该数据集中都能够有效地检测出阴影区域，并且不受场景中各类型地物影响，有着较强的适应性与鲁棒性。

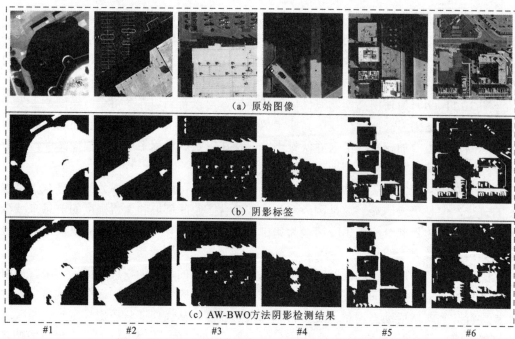

（a）原始图像

（b）阴影标签

（c）AW-BWO方法阴影检测结果

#1　　　#2　　　#3　　　#4　　　#5　　　#6

图 10.12　AW-BWO 方法在 Inria 数据集的阴影检测结果

表 10.6　AW-BWO 方法在 Inria 数据集的阴影检测结果评价

指标	#1	#2	#3	#4	#5	#6
Precision/%	98.21	92.32	98.88	98.76	98.87	95.99
Recall/%	93.64	96.72	93.70	94.83	94.79	89.07
OA/%	**95.40**	**96.68**	**98.49**	**96.64**	**96.64**	**94.49**
F_{Measure}/%	**95.87**	**94.47**	**96.22**	**96.76**	**96.78**	**92.40**

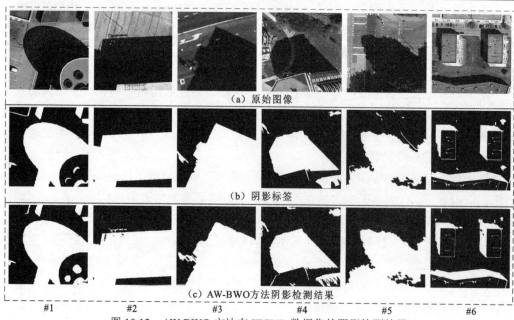

（a）原始图像

（b）阴影标签

（c）AW-BWO方法阴影检测结果

#1　　　#2　　　#3　　　#4　　　#5　　　#6

图 10.13　AW-BWO 方法在 ITCVD 数据集的阴影检测结果

进一步, 对 AW-BWO 方法在 ITCVD 数据集的阴影检测结果进行指标评价, 如表 10.7 所示。在 ITCVD 数据集不同场景下阴影检测结果的 OA 与 F_{Measure} 均维持在较高值, 这说明 AW-BWO 方法在 ITCVD 数据集中同样有着良好的性能。

表 10.7　AW-BWO 方法在 ITCVD 数据集的阴影检测结果评价

指标	#1	#2	#3	#4	#5	#6
Precision/%	97.46	98.35	98.78	95.82	99.75	97.24
Recall/%	99.17	98.19	98.96	96.37	97.95	93.14
OA/%	**98.45**	**99.13**	**98.77**	**97.30**	**98.83**	**98.21**
F_{Measure}/%	**98.31**	**98.27**	**98.87**	**96.09**	**98.84**	**95.15**

10.6.2　阴影去除方法在其他数据集下的实验分析

本小节同样基于 Inria 数据集及 ITCVD 数据集来验证基于区域分组匹配的阴影去除方法的有效性。图 10.14 所示为基于区域分组匹配的阴影去除方法在 Inria 数据集中不同场景下的阴影去除结果。可以看出, 不论是对于裸地、道路、交通标志线、草坪、树木还是建筑, 该方法均能够高质量地完成阴影去除工作。图 10.15 则展示了基于区域分组

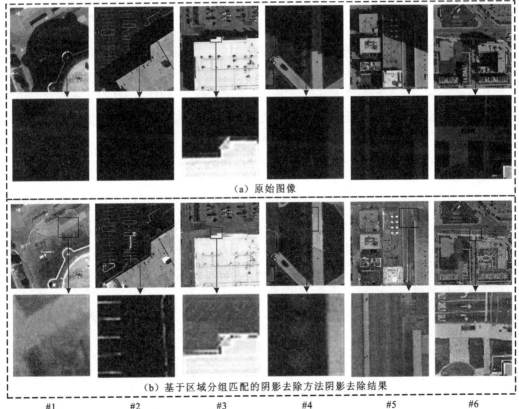

（a）原始图像

（b）基于区域分组匹配的阴影去除方法阴影去除结果

#1　　#2　　#3　　#4　　#5　　#6

图 10.14　基于区域分组匹配的阴影去除方法在 Inria 数据集的阴影去除结果

（a）原始图像

（b）基于区域分组匹配的阴影去除方法阴影去除结果

#1   #2   #3   #4   #5   #6

图 10.15　基于区域分组匹配的阴影去除方法在 ITCVD 数据集的阴影去除结果

匹配的阴影去除方法在 ITCVD 数据集阴影去除的结果，可以看到，阴影内部的地物得到了有效恢复。此外，基于区域分组匹配的阴影去除方法能够兼顾整体与局部的阴影去除效果，在保证整体阴影去除的基础之上对局部进行增强优化，因此对于不同场景中各部分的颜色、纹理等细节都能够实现有效恢复，最终获得高质量的无阴影结果。

10.6.3　边界优化方法在其他数据集下的实验分析

本小节同样基于 Inria 数据集及 ITCVD 数据集来验证所提出的顾及空间结构信息与值域信息的动态加权边界优化方法的有效性。如图 10.16 和图 10.17 所示，顾及空间结构信息与值域信息的动态加权边界优化方法在 Inria 数据集与 ITCVD 数据集中均可以有效地去除阴影边界处的裂缝，对于边界中间的异常噪点能够很好地去除，并且保证边界两边颜色的自然过渡。

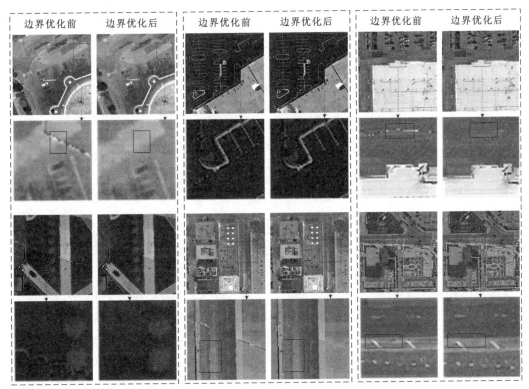

图 10.16　顾及空间结构信息与值域信息的动态加权边界优化方法在 Inria 数据集的边界优化结果

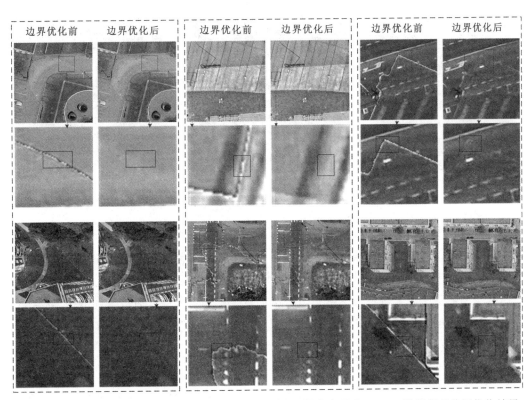

图 10.17　顾及空间结构信息与值域信息的动态加权边界优化方法在 ITCVD 数据集的边界优化结果

第 11 章	基于深度学习的阴影检测 与去除实验分析

11.1　实　验　数　据

本节选择 Luo 等[5]收集和标记的 AISD 数据集进行模型效率的判别。该数据集是专门为阴影检测而设计的，它具有高分辨率和多土地覆盖类别的特点。该数据集涵盖世界上 5 个地区和城市（蒂罗尔州、维也纳市、奥斯汀市、芝加哥市和因斯布鲁克市）。训练集包括 412 张图像和相关的掩膜，而测试集和验证集分别包含 51 张图像和相关的掩膜图。图 11.1 显示了 AISD 数据集中每个区域的代表性样本。如图 11.1（a）所示，奥斯汀市和芝加哥市有密集的高层建筑，产生的阴影比较明显。如图 11.1（b）所示，阴影在蒂罗尔州呈现出零散分布。如图 11.1（c）所示，维也纳市的风格结合了规则的建筑和不规则的树木，使阴影呈现复杂化。

（a）奥斯汀市　　　　　　　（b）蒂罗尔州　　　　　　　（c）维也纳市

图 11.1　AISD 数据集代表影像

大量的训练数据可以有效地防止过度拟合，模型可以通过大量数据训练进行有效收敛。然而，使用过大的单一图像尺寸限制了大批量尺寸的使用。参考 Luo 等[5]，将单个图像裁剪以产生小尺寸图像。按照跨度为 64，尺寸为 256×256 的设置对影像进行裁剪，并随机添加复杂图像来进行数据增强，以增加复杂性和有效性。通过上述数据增强，对于 AISD 数据集，构建 13 742 张图像用于模型训练。

11.2 实 验 设 置

对于阴影检测任务，使用 Adam 优化器进行模型训练，将初始学习率设为 0.0001，将 L2 权重正则化设为 0.0005。使用一个学习率调度器，当该监测量检测到模型停止下降两次以上时，将学习率降低为原始学习率的 1/10。使用网络对 AISD 数据集进行 100 个批次的训练，统一选择评估集上表现最好的批次进行测试。为了比较模型的鲁棒性，对每个模型进行 10 次训练，然后取其平均值，找出模型的置信区间。

所有实验都是用 NVIDIA GeForce GTX 2080 Ti GPU 进行训练，每个实验中 batch size 都设置为 10，并采用混合损失来指导整个网络的训练。

网络的复杂结构导致模型梯度传递时的低效率，从而导致模型前方神经元训练完成后，后方神经元无法得到充分的训练。因此，使用 dropout 来随机冻结编码器中的一些神经元，使梯度后向转移变得高效。在测试过程中，将所有的神经元都激活。为了较为公平地进行对比，所有深度学习模型都用相同的训练数据集重新训练，采用 BCE 损失和相同的超参数设置。同时，进行消融实验以验证 CDANet 的有效性。

对于阴影去除任务，将所有生成器和鉴别器的参数使用遵循高斯分布随机参数进行初始化，高斯分布的标准偏差设定为 0.02。此外，Adam 优化器被用来优化整个网络，第一动量值为 0.5，第二动量值为 0.999。对整个生成器进行了 100 个批次的训练，每个批次中 batch size 设置为 1，前 50 个批次的基本学习率为 2×10^{-4}，然后应用线性衰减策略，将其余批次的学习率降为 0。同时，对鉴别器进行 100 个批次训练，将每个批次中 batch size 设为 1，前 50 个批次的基础学习率设为 8×10^{-4}，然后应用线性衰减策略，将其余批次的基础学习率降为 0。

网络训练涉及所有部分，它们通过前向或后向信号流相互影响。在测试阶段，只使用阴影预消除子网络和先验知识引导的细化子网络来进行阴影去除，以产生最终的阴影去除结果。所有的方法，包括我们提出的方法，都由 PyTorch 实现，并在单一的 NVIDIA GeForce RTX 2080 Ti GPU 上进行。试验评价指标同 9.2 节，此处不再赘述。

11.3 阴影检测实验结果对比分析

对于阴影检测任务，为了定量分析不同方法的性能，选择由精确率（Precision）和召回率（Recall）组成的 $F_{Measure}$ 作为后续准确性评估的评价标准。具体计算公式见 9.2.1 小节。

基于 AISD 数据集，将提出的 CDANet 方法与 FCN、U-Net、BDRAR、DSSDNet、DeepLABv3＋和 MTMT 方法进行比较。其中，FCN、U-Net、DeepLABv3＋都是语义分割中较为经典的网络，BDRAR、DSSDNet、MTMT 是近年来针对阴影问题提出的检测模型。

测试集的平均阴影检测精度如表 11.1 所示。所提出的 CDANet 取得了最好的性能和鲁棒性，$F_{Measure}$ 值为 92.99%±0.17%。与 FCN、U-Net、BDRAR、DSSDNet、DeepLABv3＋和

MTMT 相比，CDANet 的平均 $F_{Measure}$ 指数分别取得了 5.88%、4.53%、4.18%、1.27%、4.72%和2.31%的显著提高。

表 11.1　AISD 数据集上不同阴影检测方法精度对比

模型	$F_{Measure}$/%
FCN	87.11±0.33
U-Net	88.46±0.50
BDRAR	88.81±0.93
DSSDNet	91.72±0.32
DeepLABv3+	88.27±1.58
MTMT	90.68±0.29
CDANet	**92.99±0.17**

可视化结果如图 11.2 所示，通过比较可以看到一些细节上的差异。如图 11.2（c）所示，FCN 方法在阴影中存在少量的噪声，对阴影边缘的检查也是不完全的。主要原因是 FCN 没有考虑像素之间的关系，失去了大量的空间信息。U-Net 方法的结果如图 11.2（d）所示，一些浅阴影区域被错误地识别为非阴影区域，原因是 U-Net 方法的跳转连接只在同一规格的特征图上进行，因此缺乏多尺度信息特征作为补充。如图 11.2（e）所示，BDRAR 方法主要用于简单的自然图像，当它用于检测复杂场景时，虽然它能检测到突出的阴影区域，但阴影的边界是光滑和不规则的。与其他方法相比，DSSDNet 方法在检测明显的轮廓阴影方面表现较好，但在检测稀疏的阴影分布区域方面效果较差，如图 11.2（f）所示，红框中的线性目标不能被更准确地检测出来，主要原因是 BCE 损失函数不能更好地适应遥感影像中微小物体的类型。如图 11.2（g）所示，DeepLABv3+方法与语义分割方法相同，都是没有考虑阴影的特点，出现了错误的检测和遗漏的情况，导致其检测到的区域有部分缺失。MTMT 方法虽然能较好地检测出阴影区域，但对于规则的建筑物边缘会出现平滑现象。与其他方法相比，CDANet 方法使用一个双分支模块来增加低层次的局部信息来检测阴影。此外，CDANet 方法用上下文语义融合连接取代跳过连接，以结合多尺度信息，因此可以准确地检测不规则分布的阴影。与其他方法相比，CDANet 方法更擅长检测微小的阴影，主要是因为 CDANet 方法中采用的混合损失函数可以灵活地评估预测阴影像素和真实标签之间的差距。

（a）原始图像　　　　　　　　　（b）真实标签　　　　　　　　　（c）FCN

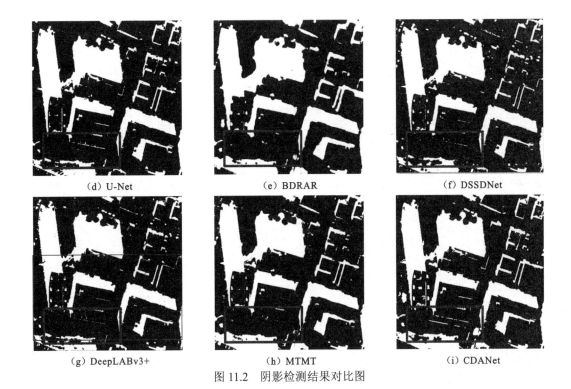

(d) U-Net　　　　　　　　(e) BDRAR　　　　　　　　(f) DSSDNet

(g) DeepLABv3+　　　　　　(h) MTMT　　　　　　　　(i) CDANet

图 11.2　阴影检测结果对比图

11.4　阴影去除实验结果对比分析

本节对一系列最先进的阴影去除方法进行比较，以验证所提出的方法的优越性。对比方法不仅包括传统的遥感影像阴影去除方法，如线性校正（LCC）[35]、Deshadow[128]、直方图匹配（HMC）[126]方法，还包括最近提出的色线法（CL）[118]，以及自然图像中基于弱监督深度学习的阴影去除方法（G2R-ShadowNet）[127]。

图 11.3 展示了不同的阴影去除方法在不同城市的去除结果。其中，LCC 和 Deshadow方法可以简单有效地去除阴影。但这两种方法只是通过线性方程和幂函数来提亮阴影，并没有考虑阴影区域的每个像素不同的情况来进行恢复，因此恢复效果混乱，阴影区域的特征类别失去了额外的细节，恢复的阴影区也不连续。HMC 方法基于非阴影区域的直方图恢复阴影区域的色调信息，在恢复阴影特征方面虽然优于前两种方法。然而，该方法由于忽略了阴影区和非阴影区之间的色调一致性，恢复的阴影区和非阴影区之间存在着较大的光谱差异。与其他方法相比，G2R-ShadowNet 作为一种深度学习方法可以很好地保持光谱的一致性。然而该方法利用阴影区域周围的一圈信息来进行信息补充，存在大量错误的信息干扰，从而导致纹理的消失，因此阴影去除的结果呈现出整体色调和内部特征类别信息的严重偏移。CL 方法通过手动定义阴影和非阴影区域进行阴影去除，能够更好地保证非阴影区域与非阴影色调的一致性。但是，定义的位置不同，会导致一些特征信息的还原失败，产生全黑的区域。此外，由于人工标注存在一定的偏差，上述方法在去除阴影时产生了明显的边缘现象。与上述方法相比，　KO-Shadow 方法由于对特定

方向的非阴影区域的合理利用，以及特征保留和光谱一致性信息的有效结合，使用了边缘部分修正的均值滤波从而使阴影边缘和非阴影区域之间更自然地过渡，更接近于非阴影区域，并保持了内部特征类别的完整信息。

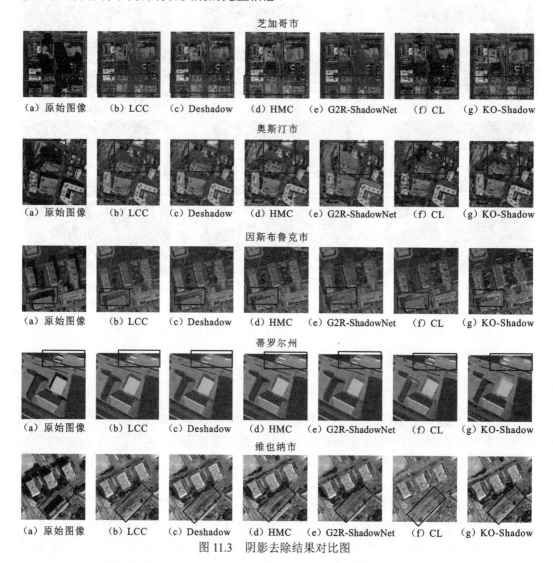

图 11.3　阴影去除结果对比图

11.5　阴影检测算法性能分析

11.5.1　SSAD 数据集实验

SSAD 数据集共有 103 张红-红外-绿色图像合成的图像。每张图像的大小为 500×500 像素。该数据集中的场景较为复杂，因此，仅靠人工标注是不现实的。Zhang 等[129]最初使用一个自然图像数据集进行迁移学习，生成一个预定的样本块，然后根据样本块再进行人工标注。通过使用这种方法，阴影标签更加准确和全面。在 SSAD 数据集中，更多的阴影是由树木和林地形成的，同时城市的阴影较为密集，虽然阴影较为明显，然而，由于水的反射与阴影相似，水也会像阴影一样呈现出黑色，这无疑增加了阴影检测的难度。根据类别平衡原则，从 SSAD 数据集中选择 79 张图像作为训练集，并按照与 AISD 数据集相同的步幅进行裁剪，从而产生 1900 张 256×256 像素的图像用于训练。此外，选取 3 幅图像，然后裁剪成 60 张 256×256 像素的图像进行验证，剩下的 21 张图像作为测试集，以评估模型的预测效果。除裁剪数据外，为了探索模型的真实有效性，没有进行多余的数据增量来加强模型的训练过程。

如表 11.2 所示，CDANet 在 SSAD 数据集上有较低的错误率。这主要是混合损失函数的使用导致 CDANet 在不规则阴影检测方面比其他网络有更好的准确性。此外，其他网络不能很好地检测密集的阴影，某些阴影区域总是会被遗漏。CDANet 可以更好地适应这种情况，碎片化的阴影检测效果也更全面，其可视化结果如图 11.4（i）所示。

表 11.2　SSAD 数据集上不同阴影检测方法精度对比

模型	F_{Measure}/%
FCN	75.05±1.14
U-Net	77.68±0.50
BDRAR	74.76±0.98
DSSDNet	79.31±0.93
DeepLABv3+	76.64±0.52
MTMT	79.02±0.35
CDANet	**83.96±0.23**

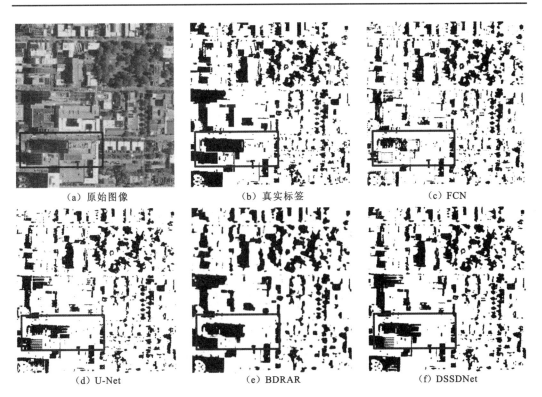

（a）原始图像　　　　　　　（b）真实标签　　　　　　　（c）FCN

（d）U-Net　　　　　　　（e）BDRAR　　　　　　　（f）DSSDNet

（g）DeepLABv3+　　　　　　　（h）MTMT　　　　　　　（i）CDANet

图 11.4　阴影检测对比图

11.5.2　泛化性分析

为了验证模型的泛化性，基于 SSAD 数据集进行两种划分方法的有效对比实验。第一种方法是按照固定的区域形成测试集、评价集和训练集，主要是测试网络在检测不同建筑风格形成的阴影时模型的有效性。第二种方法是将训练集、测试集和评价集合并在一起，然后重新划分，形成相同数量的训练集、评价集和测试集，目的是观察模型对随机分布阴影检测的鲁棒性。将所有的模型在上述的相同数据集上进行对比，如表 11.3 和表 11.4 所示。为保证公平性，所有对比实验均采用相同的实验装置。

表 11.3　根据位置对数据集进行划分

对比组	训练数据		测试数据	
	位置	数量	位置	数量
L1	奥斯汀市、芝加哥市、蒂罗尔州、因斯布鲁克市	435	维也纳市	79
L2	奥斯汀市、芝加哥市、蒂罗尔州、维也纳市	456	因斯布鲁克市	58

表 11.4　基于随机提取的两个不同数据集组合

对比组	训练数据	训练量	测试数据
R1	463	15 899	51
R2	463	15 704	51

如图 11.5 和表 11.5 所示，随着地表覆盖类型丰富度的升高，所有方法的性能都有波动。然而，CDANet 方法在不同的数据集上表现出更好的鲁棒性，与其他网络相比，其 F_{Measure} 值稳定在 92.5%左右。同时，该模型不受黑色物体的影响，与其他网络相比，它能更准确地将阴影与黑色物体分开，三幅图像的 F_{Measure} 值分别达到了 97.60%、94.11% 和 93.55%。因此，CDANet 方法的结果与真实标签更加相似。如图 11.5（c）所示，CDANet 方法可以有效地区分黑色物体和阴影区域。如图 11.5（f）所示，CDANet 方法也能很好地检测出不规则的树影，其检测结果与真实情况也更为相似。

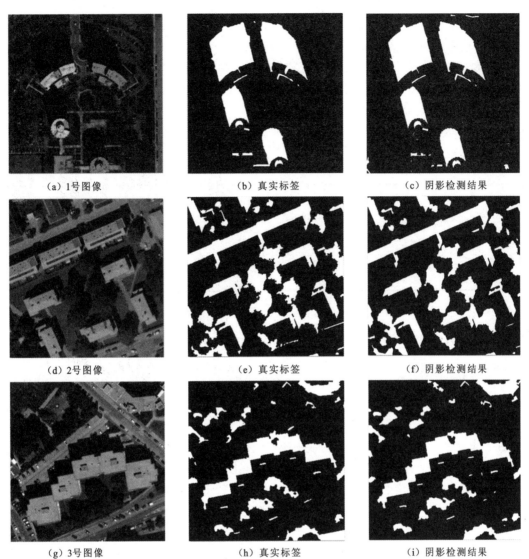

图 11.5　CDANet 方法对三幅测试图像阴影检测的可视化结果

表 11.5　基于位置和随机数据集的不同方法的平均 F_{Measure}

对比组	FCN	U-Net	BDRAR	DSSDNet	DeepLABv3+	MTMT	CDANet
L1/%	86.29	88.59	84.68	90.95	91.51	89.84	92.29
L2/%	86.47	87.73	85.41	90.84	90.79	90.66	92.02
R1/%	85.31	86.60	88.14	89.42	90.80	90.51	93.12
R2/%	85.08	84.79	87.89	88.68	90.08	90.30	91.02

11.5.3　消融实验

本小节进行不同模块的消融实验，以验证每个模块对模型性能的影响。使用 U-Net

作为骨干网络，并使用 AISD 数据集对其进行评估。在使用 DB 模块后，结果增强了 2.49%。这一结果证明了 DB 模块的有效性。如表 11.6 所示，当 CSFC 被添加到模型后，F_{Measure} 从 89.98% 提高到 91.96%，证明 CSFC 模块在增强信息整合能力方面的有效性。最后，混合损失（hybrid loss）和上述组件的组合可实现最佳性能。消融实验表明，所提出的模型的每个模块都是获得最佳结果的必要条件。

表 11.6　CDANet 各组件的精度对比

骨干网络	DB	CSFC	混合损失	F_{Measure}/%
√				87.51
√	√			89.98
√	√	√		91.96
√	√	√	√	92.99

11.5.4　敏感性分析

系数 λ 对构建一个稳健的混合损失函数至关重要，本小节研究 λ 对阴影检测结果的影响，同时设置 0、0.2、0.5、0.8 和 1.0 的值来验证不同的 Jaccard-hinge 损失和 BCE 损失权重的效果。如表 11.7 和图 11.6 所示，随着参数 λ 的增加，两个数据集的 F_{Measure} 值先上升后下降。这一现象说明，损失函数中 BCE 函数和 Jaccard-hinge 函数的权重对检测结果有很大影响。此外，由于 SSAD 数据集比 AISD 数据集有更多不规则的小阴影，不同的 λ 值对 SSAD 数据集的影响比 AISD 数据集更显著。这也表明 Jaccard-hinge 函数对提取微小阴影的重要性。Jaccard-hinge 损失函数的权重过大时，会影响 BCE 函数的效率并降低检测精度，导致规则的阴影变得圆滑。相比之下，当 Jaccard-hinge 损失所占比例较小时，检测到规则阴影的概率会增加，而微小的局部阴影会丢失。如表 11.7 所示，与传统的 BCE 损失函数相比，混合损失函数在 AISD 和 SSAD 数据集上的精度分别提高了 1.03% 和 3.71%。当 λ 为 0.5 时，在 AISD 数据集上达到了 92.99% 的最佳精度。SSAD 数据集上存在更多的碎片化阴影（如树木），因此准确率的提高也更加明显。当 λ 为 0.2 时，在 SSAD 数据集上取得了 83.96% 的最佳精度。

表 11.7　λ 在不同数据集上的敏感性分析

λ	F_{Measure}/%	
	AISD	SSAD
0	91.96	80.25
0.2	92.49	**83.96**
0.5	**92.99**	83.00

λ	$F_{\text{Measure}}/\%$	
	AISD	SSAD
0.8	92.41	83.04
1.0	92.23	80.34

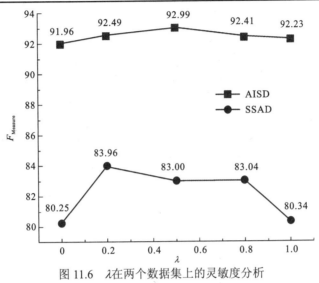

图 11.6　λ 在两个数据集上的灵敏度分析

此外，由于所有的实验都是用 NVIDIA GeForce GTX 2080 Ti GPU 进行的，为了探索各种方法的运行时间和算法复杂性，在每个实验中都使用图像大小为 256×256，batch size 为 10 的输入，然后通过计算模型的训练时间和推理时间来判断各类方法的复杂性。如表 11.8 和图 11.7 所示，CDANet 方法的参数量为 164.23 M，模型的单批运行时间为 0.171 s。尽管 CDANet 方法的运行时间和算法复杂性高于 FCN、U-Net 和 DSSDNet 方法，但其准确度和可视化效果却比这些方法好得多。此外，与最先进的阴影检测方法（如 BDRAR 和 MTMT）相比，CDANet 方法框架以较少的参数和较低的时间复杂度实现了更高的精度。此外，CDANet 方法相较于 DeepLABv3＋方法也具有更低的复杂性和更高的准确度。

表 11.8　不同方法运行时间和参数量对比

方法	运行时间/s	参数量/M
FCN	0.045	71.15
U-Net	0.128	65.95
DeepLABv3＋	0.052	453.48
BDRAR	0.176	164.01
MTMT	0.145	169.21
DSSDNet	0.111	42.43
CDANet	0.171	164.23

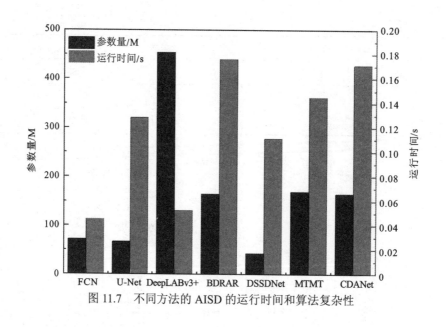

图 11.7　不同方法的 AISD 的运行时间和算法复杂性

11.5.5　光谱变异性分析

众所周知，由于光照条件和地形、大气，甚至是材料内在变化的影响，光谱变化是一种普遍现象，它给遥感影像解译带来了很大的挑战。当阳光完全或部分被物体遮挡时就会出现阴影，所有的图像质量都会因为光照的变化而受到影响。为了探索光谱变化对阴影检测的影响，本小节分析原始图像和相应模拟图像的阴影检测结果，其中，模拟图像是通过修改原始图像的光谱色调得到的。如图 11.8 所示，为了模拟光照变化的影响，将来自 AISD 数据集的 51 张遥感影像随机平均地分配为 3 个测试集，并对遥感影像的光照色调进行随机调整。

按照相同操作，在原始训练集上进行训练，在 AISD 数据集的模拟图像上进行测试。如表 11.9 所示，随着图像照度的变化，草地等特征与阴影更加相似，这导致所有网络的性能明显下降。然而，CDANet 在模拟图像上表现出更好的性能，与其他网络相比，其 F_{Measure} 指数更加稳定和准确，为 90.50%。

（a）原始图像

（b）模拟图像

图 11.8　测试集中原始图像和模拟图像可视化对比

表 11.9　不同方法在 AISD 数据集模拟影像的精度对比

方法	F_{Measure}/%
FCN	79.65
U-Net	87.56
BDRAR	87.26
DSSDNet	87.18
DeepLABv3＋	77.90
MTMT	89.29
CDANet	**90.50**

11.6　阴影去除算法性能分析

11.6.1　地表覆盖分类对比

为了验证 KO-Shadow 模型的鲁棒性，从测试集的每个区域选取了 5 张图像（图 11.9）。

■ 建筑　■ 道路　■ 草地

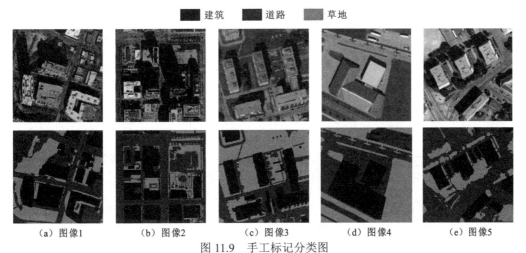

（a）图像1　　　（b）图像2　　　（c）图像3　　　（d）图像4　　　（e）图像5

图 11.9　手工标记分类图

本小节不仅通过可视化的结果定性地评估网络性能，还定量地评估去除阴影后的土地覆盖分类结果，以横向验证模型的有效性。通过比较各区域的土地覆盖分类精度和颜色保留率，定量地证明所提出 KO-Shadow 模型的稳健性。

对阴影去除任务而言，通过定性评价很难精确地展示方法的详细特征。因此，每种方法结果都需要按像素定量的进行判别。我们给不同区域的土地覆盖分类图打上标签，并使用无监督 k-means 分类方法对阴影去除结果进行分类。其中，每张预测图像都被标记为三个类别：建筑、草地和道路，并使用六个指标进行定量评价，包括交并比（intersection over union，IOU）、精确率（Precision）、召回率（Recall）、F_{Measure} 指数、OA 和 Kappa 系数。其表达式如式（11.1）～式（11.4）所示。其中：IOU 计算每个类别的预测和标签交集部分与并集部分的比率；OA 指所有类别中正确分类的像素与所有像素的比率；Kappa 系数考虑分类结果与真实值的一致性。

$$\text{IOU} = \frac{A \bigcap B}{A \bigcup B} \tag{11.1}$$

$$\text{OA} = \frac{\text{TP} + \text{TN}}{\text{TP} + \text{FP} + \text{TN} + \text{FN}} \tag{11.2}$$

$$\text{Kappa} = \frac{\text{OA} - \text{PRE}}{1 - \text{PRE}} \tag{11.3}$$

$$\text{PRE} = \frac{(\text{TP} + \text{FP}) \times (\text{TP} + \text{FN}) + (\text{TN} + \text{FN}) \times (\text{TN} + \text{FP})}{(\text{TP} + \text{TN} + \text{EP} + \text{FN})} \tag{11.4}$$

为了更直观地量化阴影去除效果，使用无监督的 k-means 分类方法来评估阴影去除结果中的土地覆盖分类图。图 11.10 显示了由不同方法（LCC、Deshadow、HMC、G2R-ShadowNet、CL 和 KO-Shadow 方法）得到的 5 个城市和地区分类结果。如图 11.10 所示，由于明显缺乏互补的先验知识，使用线性函数的 LCC 和 Deshadow 方法的分类结果显示出明显的边界现象和错误分类。与线性函数方法相比，HMC 方法是基于光谱统计信息来恢复阴影区域，因此也表现出更好的视觉效果。然而，同一图像中阴影区和非阴影区的占比存在差异，在非阴影区域占比相对较小的图像中，由于先验光谱信息的缺失，将直接减弱阴影区域的恢复效果。G2R-ShadowNet 方法充分利用了全局颜色信息，这大大改善了整体色调。然而，由于缺乏详细的纹理信息，恢复的阴影区域显得很模糊，无法对阴影区域进行分类。CL 方法可以通过手动定义阴影区域和非阴影区域的标签灵活地适应不同的情况。然而，一次性定义阴影区域和非阴影区域会导致未定义部分的阴影区域出现质量较差的恢复，这也显示出较为粗糙的分类结果。我们的方法采用知识驱动的深度学习框架，结合了先验知识，能够同时考虑纹理和光谱特征，分类结果也更接近真实标签。

芝加哥市

（a）原始图像　（b）LCC　（c）Deshadow　（d）HMC　（e）G2R-ShadowNet　（f）CL　（g）KO-Shadow

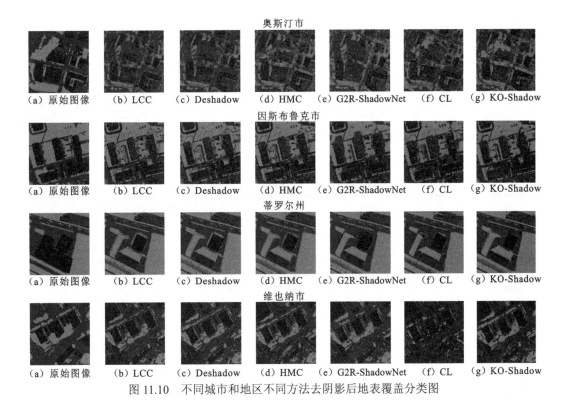

奥斯汀市
（a）原始图像　（b）LCC　（c）Deshadow　（d）HMC　（e）G2R-ShadowNet　（f）CL　（g）KO-Shadow

因斯布鲁克市
（a）原始图像　（b）LCC　（c）Deshadow　（d）HMC　（e）G2R-ShadowNet　（f）CL　（g）KO-Shadow

蒂罗尔州
（a）原始图像　（b）LCC　（c）Deshadow　（d）HMC　（e）G2R-ShadowNet　（f）CL　（g）KO-Shadow

维也纳市
（a）原始图像　（b）LCC　（c）Deshadow　（d）HMC　（e）G2R-ShadowNet　（f）CL　（g）KO-Shadow

图 11.10　不同城市和地区不同方法去阴影后地表覆盖分类图

表 11.10～表 11.14 为不同城市和地区地面覆盖分类精度对比。如表 11.10 所示，以芝加哥市为例，与其他方法相比，KO-Shadow 方法对道路类的 IOU 为 53.004%，F_{Measure} 指数为 69.285%；对建筑类的 IOU 为 36.157%，F_{Measure} 指数为 53.111%；对草地类的 IOU 为 33.804%，F_{Measure} 指数为 50.527%。此外，我们的方法分类精度达到最高的 OA 和 Kappa 系数，分别为 60.769% 和 37.224%。

表 11.10　芝加哥市地面覆盖分类精度对比　　　　　　　　　　（单位：%）

分类	LCC				Deshadow			
	IOU	F_{Measure}	Precision	Recall	IOU	F_{Measure}	Precision	Recall
道路	49.552	66.267	72.605	60.947	48.239	65.083	74.347	57.871
建筑	35.982	52.922	59.630	47.570	36.095	53.044	64.169	45.206
草地	33.565	50.260	38.217	73.383	33.322	49.988	35.854	82.514
平均	39.700	56.483	56.817	60.633	39.219	56.038	58.123	61.864
OA		58.835				57.935		
Kappa		35.408				35.642		

分类	HMC				G2R-ShadowNet			
	IOU	F_{Measure}	Precision	Recall	IOU	F_{Measure}	Precision	Recall
道路	45.160	62.221	74.900	53.213	48.647	65.453	64.466	66.471
建筑	36.579	53.564	53.696	53.433	34.998	51.850	57.708	47.072

分类	HMC				G2R-ShadowNet			
	IOU	$F_{Measure}$	Precision	Recall	IOU	$F_{Measure}$	Precision	Recall
草地	34.572	51.380	38.727	76.316	22.224	36.366	32.735	40.902
平均	38.770	55.722	55.774	60.987	35.290	51.223	51.636	51.482
OA			56.987				56.414	
Kappa			34.229				27.175	

分类	CL				KO-Shadow			
	IOU	$F_{Measure}$	Precision	Recall	IOU	$F_{Measure}$	Precision	Recall
道路	33.284	49.945	69.062	39.117	53.004	69.285	72.676	66.196
建筑	36.361	53.331	57.348	49.839	36.157	53.111	61.584	46.687
草地	25.253	40.323	27.656	74.398	33.804	50.527	39.626	69.701
平均	31.633	47.860	51.355	54.451	40.988	57.641	57.962	60.861
OA			48.068				**60.769**	
Kappa			24.541				**37.224**	

表 11.11　奥斯汀市地面覆盖分类精度对比　　　　　　（单位：%）

分类	LCC				Deshadow			
	IOU	$F_{Measure}$	Precision	Recall	IOU	$F_{Measure}$	Precision	Recall
道路	44.382	61.479	55.365	69.111	45.283	62.338	55.073	71.811
建筑	47.094	64.033	75.900	55.375	47.516	64.422	76.891	55.432
草地	32.127	48.630	50.717	46.708	30.456	46.691	51.049	43.019
平均	41.201	58.047	60.661	57.065	41.085	57.817	61.004	56.754
OA			58.876				59.053	
Kappa			35.832				35.751	

分类	HMC				G2R-ShadowNet			
	IOU	$F_{Measure}$	Precision	Recall	IOU	$F_{Measure}$	Precision	Recall
道路	37.928	54.996	53.918	56.119	40.476	57.627	51.893	64.786
建筑	42.019	59.173	67.513	52.668	40.972	58.128	87.052	43.631
草地	35.852	52.781	48.541	57.832	30.604	46.862	43.175	51.237
平均	38.600	55.650	56.657	55.540	37.350	54.206	60.707	53.218
OA			55.504				54.607	
Kappa			31.956				29.513	

分类	CL				KO-Shadow			
	IOU	$F_{Measure}$	Precision	Recall	IOU	$F_{Measure}$	Precision	Recall
道路	40.465	57.616	56.874	58.378	46.337	63.329	59.220	68.052
建筑	44.975	62.045	87.784	48.924	49.147	65.904	82.166	55.016
草地	43.887	61.002	51.525	74.751	37.261	54.293	50.788	58.317
平均	43.109	60.221	64.394	60.684	44.248	61.175	64.058	60.462
OA		59.806				**61.410**		
Kappa		38.883				**40.472**		

表 11.12　因斯布鲁克市地面覆盖分类精度对比　　　（单位：%）

分类	LCC				Deshadow			
	IOU	$F_{Measure}$	Precision	Recall	IOU	$F_{Measure}$	Precision	Recall
道路	32.709	49.294	46.652	52.253	36.107	53.057	49.116	57.686
建筑	43.333	60.465	58.561	62.496	44.183	61.287	64.621	58.281
草地	73.493	84.722	90.515	79.626	75.750	86.202	88.298	84.203
平均	49.845	4.827	65.243	64.792	52.013	66.849	67.345	66.723
OA		67.135				69.431		
Kappa		50.118				53.269		

分类	HMC				G2R-ShadowNet			
	IOU	$F_{Measure}$	Precision	Recall	IOU	$F_{Measure}$	Precision	Recall
道路	33.563	50.258	49.110	51.462	34.793	51.625	45.642	59.412
建筑	43.935	61.048	58.597	63.714	47.286	64.210	64.573	63.851
草地	75.824	86.250	90.396	82.468	71.505	83.385	92.797	75.707
平均	51.107	65.852	66.034	65.881	51.195	66.407	67.671	66.323
OA		68.505				67.796		
Kappa		52.028				51.464		

分类	CL				KO-Shadow			
	IOU	$F_{Measure}$	Precision	Recall	IOU	$F_{Measure}$	Precision	Recall
道路	33.096	49.733	49.733	49.733	36.289	53.253	49.395	57.764
建筑	45.367	62.417	57.364	68.446	43.729	60.850	64.760	57.385
草地	73.075	84.443	90.571	79.092	76.241	86.519	87.988	85.099
平均	50.513	65.531	65.889	65.757	52.086	66.874	67.381	66.749
OA		67.908				**69.587**		
Kappa		51.299				**53.444**		

表 11.13　蒂罗尔州地面覆盖分类精度对比　　　　　　　（单位：%）

分类	LCC				Deshadow			
	IOU	$F_{Measure}$	Precision	Recall	IOU	$F_{Measure}$	Precision	Recall
道路	67.460	80.569	77.336	84.083	67.299	80.453	77.181	84.015
建筑	27.404	43.019	84.515	28.852	27.290	42.878	84.326	28.748
草地	69.706	82.149	71.229	97.024	69.707	82.150	71.254	96.981
平均	54.857	68.579	77.693	69.986	54.765	68.494	77.587	69.915
OA		74.948				74.880		
Kappa		60.648				60.539		

分类	HMC				G2R-ShadowNet			
	IOU	$F_{Measure}$	Precision	Recall	IOU	$F_{Measure}$	Precision	Recall
道路	68.486	81.296	77.427	85.571	68.209	81.100	77.166	85.457
建筑	27.441	43.065	83.565	29.007	26.135	41.440	70.211	29.395
草地	70.628	82.786	72.311	96.810	72.770	84.239	74.852	96.318
平均	55.518	69.049	77.768	70.463	55.705	68.926	74.076	70.390
OA		75.489				75.364		
Kappa		61.495				61.417		

分类	CL				KO-Shadow			
	IOU	$F_{Measure}$	Precision	Recall	IOU	$F_{Measure}$	Precision	Recall
道路	68.838	81.543	77.729	85.750	70.084	82.411	77.927	87.443
建筑	28.005	43.756	72.925	31.245	27.087	42.627	85.505	28.390
草地	71.695	83.514	74.258	95.406	71.623	83.466	73.088	97.278
平均	56.179	69.604	74.987	70.800	56.265	69.501	78.840	71.037
OA		75.612				**76.233**		
Kappa		61.824				**62.627**		

表 11.14　维也纳市地面覆盖分类精度对比　　　　　　　（单位：%）

分类	LCC				Deshadow			
	IOU	$F_{Measure}$	Precision	Recall	IOU	$F_{Measure}$	Precision	Recall
道路	53.812	69.971	78.358	63.206	55.515	71.395	78.186	65.690
建筑	33.135	49.776	40.434	64.733	35.138	52.004	43.534	64.564
草地	62.294	76.767	78.722	74.906	60.124	75.097	76.152	74.071
平均	49.747	65.505	65.838	67.615	50.259	66.165	65.957	68.108
OA		66.066				67.287		
Kappa		45.137				46.476		

分类	HMC				G2R-ShadowNet			
	IOU	F_{Measure}	Precision	Recall	IOU	F_{Measure}	Precision	Recall
道路	52.682	69.009	78.463	61.588	56.594	72.281	76.350	68.624
建筑	33.141	49.783	40.189	65.394	35.594	52.501	45.394	62.246
草地	59.686	74.755	75.339	74.179	58.971	74.191	77.347	71.282
平均	48.503	64.516	64.664	67.054	50.386	66.324	66.364	67.384
OA		65.107				67.904		
Kappa		44.003				46.385		

分类	CL				KO-Shadow			
	IOU	F_{Measure}	Precision	Recall	IOU	F_{Measure}	Precision	Recall
道路	48.698	65.499	70.41	61.228	56.145	71.914	77.185	67.317
建筑	31.204	47.566	37.541	64.896	35.323	52.205	43.741	64.731
草地	22.319	36.493	45.687	30.380	59.287	74.525	79.094	70.455
平均	34.074	49.853	51.213	52.168	50.287	66.215	66.673	67.501
OA		55.254				**67.474**		
Kappa		26.133				**46.195**		

图 11.11 显示了不同城市和地区更直观的分类情况。与其他方法相比，KO-Shadow 方法的 OA 和 Kappa 系数都保持优势，这也证明了 KO-Shadow 的优越性。在维也纳市，G2R-ShadowNet 方法的准确性虽然高于 KO-Shadow，但其内部细节纹理保留较为匮乏，因此无法较好地恢复阴影内部纹理信息。相较于其他方法，KO-Shadow 方法能更好地保证特征类别的多样性和颜色一致性，对于具有不同建筑风格和土地覆盖分布的地区，也可以取得更好的消除结果。

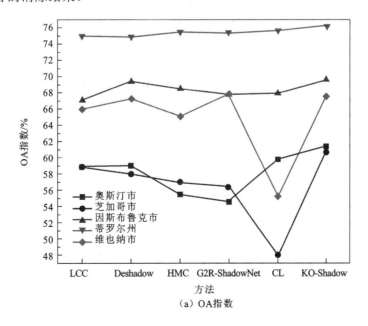

（a）OA指数

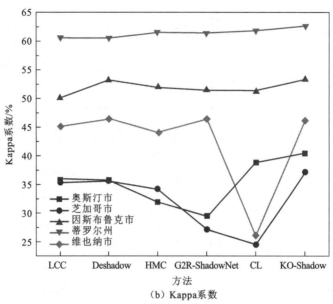

（b）Kappa系数

图 11.11　不同城市经过不同方法去阴影后的 OA 指数和 Kappa 系数对比

11.6.2　模型泛化性分析

为了评估基于深度学习的渐进式阴影去除网格（KO-Shadow）的泛化性，通过人工标注构建一个复杂的像素级场景，其大小为 4096×2048 像素，分辨率为 0.3 m/像素。对复杂场景映射的验证进一步证实了 KO-Shadow 的优越性，特别是 KO-Shadow 方法对不同成像条件和复杂场景的鲁棒性。

如图 11.12 所示，使用一个包含复杂类别的大影像来验证所提方法的泛化性。如图 11.12（a）所示，该影像的尺寸为 4096×2048 像素，该影像相应的掩膜图也被详细标注。将计算机视觉方法与本书提出方法进行对比，验证了 KO-Shadow 方法的消除结果具有更低的色差。具体来说，图 11.12（d）左侧的放大结果显示，KO-Shadow 方法通过逐步消除和补充非阴影区域的色调信息，能够获得更接近非阴影区域的真实光谱信息。相比之下，计算机视觉方法在阴影区域会产生模糊的现象。从图 11.12（c）右侧显示的

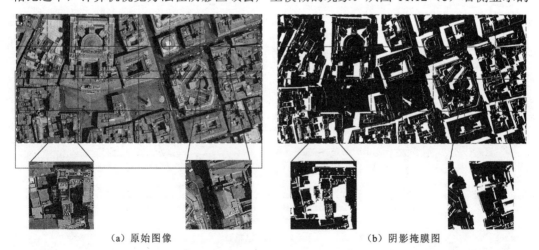

（a）原始图像　　　　　　　　　　　　　　　（b）阴影掩膜图

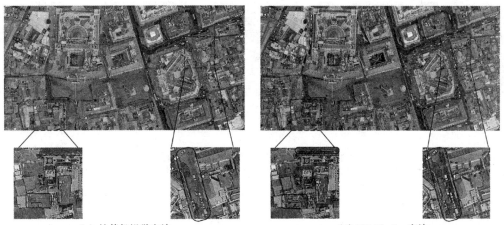

（c）计算机视觉方法　　　　　　　　　　（d）KO-Shadow方法

图 11.12　复杂场景模型泛化性对比

放大结果可以看出，与没有区分特征类型的计算机视觉方法相比，KO-Shadow 方法不仅恢复了阴影区域的色调信息，同时确保其他特征类别的颜色保持一致。KO-Shadow 方法通过克服遥感影像的纹理和光谱的成像差异，已成为大规模遥感影像阴影去除的有效解决方案。

11.6.3　纹理保持度分析

本小节通过计算相似的非阴影区域和阴影去除区域之间的颜色差异，定义一个阴影纹理恢复指数（SRI）[5]来评估阴影去除效果：

$$\gamma = \frac{1}{C}\sum_{c=1}^{C}\frac{1}{N}\left(\sum_{i=1}^{N}\left|\text{Mean}_{c,i}^{\text{Rsd}} - \text{Mean}_{c,i}^{\text{Nsd}}\right|\right) \tag{11.5}$$

式中：C 为通道图像的通道；N 为所选样本的数量；i 为当前所选像素；Rsd 为去除阴影的样本；Nsd 为无阴影的样本。SRI 是通过相同类别的平均值的差异来评价去阴影效果的。SRI 可以评估去除阴影的区域与同质的非阴影区域相比的恢复程度，较高的 SRI 值表明去除阴影的区域与非阴影区域表现出明显的差异性。相反，较低的 SRI 值表明去除阴影的区域与非阴影区域呈现出高度相似性。

由于缺乏分类标签，无法比较位于去除阴影区域和真正的非阴影区域的同一类别的所有特征。如图 11.13 所示，SRI 的比较是基于人工选择的纯相似地物，其中不同区域图像中特征类型的匹配样本是随机选择的。如表 11.15 所示，KO-Shadow 方法在奥斯汀市、芝加哥市、因斯布鲁克市、蒂罗尔州、维也纳市的 SRI 值分别达到 18.12、8.62、11.06、14.80 和 16.28。如图 11.14 所示，KO-Shadow 方法在不同的地区也都取得了较小的 SRI，这说明 KO-Shadow 方法在消除阴影后保留细节特征方面较好，因此也更接近真实情况。对于不同类别的阴影覆盖区域，先验知识引导的细化子网可以保证阴影内部的纹理信息在特征保留步骤中保持一致，从而避免整体区域的颜色趋于一致。同时，颜色一致性模块可以保证同一图像中不同区域的一致性，使恢复的区域与其他非阴影区域更加相似。此外，局部特征鉴别器可以在不增加干扰像素的情况下保证更好的准确性，促使生成器朝着更稳定的方向训练。

（a）奥斯汀市　　　（b）芝加哥市　　（c）因斯布鲁克市　　（d）蒂罗尔州　　（e）维也纳市

图 11.13　人工选取相似地物地区

表 11.15　不同方法在不同城市和地区 SRI 对比

方法	奥斯汀市	芝加哥市	因斯布鲁克市	蒂罗尔州	维也纳市
LCC	20.04	21.11	18.86	37.53	19.19
Deshadow	20.54	20.25	20.67	36.93	19.19
HMC	28.66	9.11	10.06	34.67	16.38
G2R-ShadowNet	38.66	25.22	27.26	20.00	19.57
CL	26.33	66.33	10.53	27.73	18.76
KO-Shadow	**18.12**	**8.62**	**11.06**	**14.80**	**16.28**

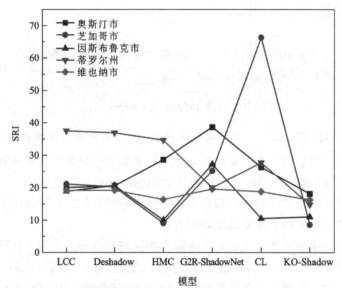

图 11.14　不同方法在不同城市和地区 SRI 对比可视化图

11.6.4　消融实验

为了进一步分析 KO-Shadow 方法的每个部分的有效性,进行消融实验以评估子网络的具体效果。首先,对先验知识引导的细化子网络和局部特征鉴别器进行分解,然后再逐步加入。消融实验可视化图如图 11.15 所示,各组件去除阴影后 SRI 值对比如表 11.16

所示。阴影预去除子网络只能简单地提亮阴影区，使阴影区和非阴影区的颜色尽可能统一。而没有先验知识引导的细化子网络和局部特征鉴别器，很难与现实情况相匹配，也很难区分阴影区域内的特征。对于这些区域，SRI 值也反映出明显的差异。当增加局部特征鉴别器后，模型对阴影和非阴影有了更好的先验知识，使图像的亮度更接近于同一图像中真实的非阴影区域，其 SRI 值也有一定的降低。最后，当加入先验知识引导的细化子网络后，由于模型可以根据真实的非阴影区域恢复阴影区域内不同类别的光谱和特征，其 SRI 值也达到最低值。

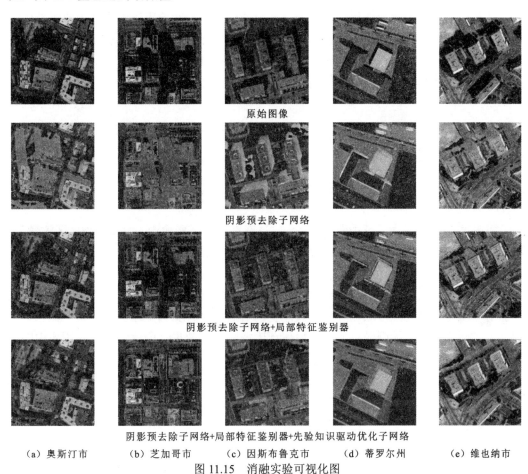

原始图像

阴影预去除子网络

阴影预去除子网络+局部特征鉴别器

阴影预去除子网络+局部特征鉴别器+先验知识驱动优化子网络

（a）奥斯汀市　　　（b）芝加哥市　　　（c）因斯布鲁克市　　　（d）蒂罗尔州　　　（e）维也纳市

图 11.15　消融实验可视化图

表 11.16　各组件消除阴影后 SRI 值对比

阴影预去除子网络	局部特征鉴别器	先验知识驱动优化子网络	奥斯汀市	芝加哥市	因斯布鲁克市	蒂罗尔州	维也纳市
√			47.58	25.29	52.73	43.40	27.09
√	√		30.54	15.82	26.4	21.13	25.28
√	√	√	**18.13**	**8.63**	**11.06**	**14.80**	**16.28**

第12章 总 结

高分辨率遥感影像能够提供精准的地理空间信息，并在城市管理、环境监测及国土利用规划等领域发挥着不可或缺的作用。但是在遥感影像中存在的阴影会导致信息损失及图像降质等问题，从而影响遥感影像地物分类、特征提取及目标检测等后处理操作。因此，本书围绕高分辨率遥感影像阴影检测与去除工作展开了一系列研究。

12.1 基于多通道特征的自适应无监督阴影检测

本书立足于遥感影像数据，针对当前研究难点，提出了两种自适应无监督阴影检测方法。

阴影是由光线被物体遮挡而形成的，广泛存在于遥感影像中，削弱了该地区的颜色、纹理信息，给地物的智能解译带来严重干扰。由于覆盖地物类型复杂，分布没有规律，目前很多阴影检测方法达不到较好的效果。此外，遥感影像中存在的一些地物由于某些特征与阴影区域类似，也会造成错误检测为阴影的情况。阴影去除的目标是实现阴影去除后的区域与周围光照区域在颜色、纹理上的自然融合。受阴影遮盖的地物在颜色、纹理上会受到不同程度的削弱，所以难以保证阴影去除的效果。因此，对遥感影像中的阴影进行精确检测与去除就显得极为重要。

在遥感影像阴影检测方面，本书提出新的自适应无监督阴影检测方法（DLA-PSO 和 ASOSD 方法）。为了保证阴影特征充分提取，本书分别深入探讨在 HSI 颜色空间的多通道检测模型及在基于多颜色空间的多通道检测模型。同时阴影检测还存在无法准确识别阴影阈值及计算时间过慢等问题。本书提出自适应无监督粒子群算法和自适应蛇群智能优化算法，极大地优化了阴影检测的检测精度与运算流程。在城市场景与植被场景下，与当前流行的阴影检测方法进行定性、定量上的比较、鲁棒性及计算效率的分析，本书提出的两种方法均可以稳定且准确地得到阴影检测结果。

虽然在现有的研究基础上，本书针对阴影检测当前存在的难点，分别提出自适应无监督阴影检测方法（DLA-PSO 和 ASOSD 方法）并取得了较好的阴影检测结果，但是目前仍然存在不足之处，需要更加深入的研究，主要包括以下两点。

（1）在遥感影像阴影检测中，目前对于基于颜色空间多通道检测模型的设计方案仅仅局限在 RGB 波段，虽然取得了不错的效果，但是本书对面向多光谱遥感影像的阴影检测方法未进行深入探索，在未来的研究工作中应集中于所提出阴影检测方法在不同波段的可移植性。

（2）可以考虑多源数据融合，结合多种遥感数据源，如多光谱影像、高光谱影像、激光雷达数据等，以提高阴影检测的准确性和鲁棒性。

12.2　基于阴影特征的智能迭代阈值搜索阴影检测

遥感影像阴影去除之前需要先准确地检测阴影区域。本书基于遥感影像中阴影的特征，设计一种新的多颜色空间特征通道组合，并将元启发式智能优化算法引入阴影检测领域，提出自适应加权智能白鲸优化（AW-BWO）方法，从而高效地完成了阴影检测任务中最佳分割阈值搜索任务，提高了阴影检测算法的性能。为了验证 AW-BWO 方法的有效性与优越性，基于 AISD 数据集，与经典的阴影检测算法及最近几年所提出的优秀的阴影检测算法进行一系列对比实验分析，从定性、定量及性能三个角度验证所提出方法具有更高的精度与鲁棒性。此外，在其他常用开源数据集上，选取部分不同的场景影像并手工标注了阴影标签，进一步地验证了 AW-BWO 方法的有效性。

此外，在遥感影像的阴影检测方法研究过程中，发现仍有以下两点值得在后续工作中进一步地完善。

（1）在遥感影像的阴影检测过程中，遥感场景中地物繁多，复杂性较高，导致现有方法通常难以应对复杂的地形和光照条件变化，如山地、森林等地形的阴影检测效果可能较差，未来将针对此类场景进行深入研究。

（2）遥感影像通常图幅较大，场景中与阴影区域具有相似特性的地物种类也较多，会对阴影检测工作造成负面影响。因此，在后续的工作中仍需寻找更高精度的区分干扰地物的方法，进一步地提高阴影检测的精度。

12.3　基于深度学习的细节感知阴影检测网络

本书以遥感影像阴影作为研究对象，利用深度学习技术来进行阴影的检测和去除。针对阴影检测问题，本书提出一种基于混合损失函数的上下文显著性检测网络（CDANet），用于遥感影像的阴影检测。在 CDANet 中使用一个双分支模块来缓解卷积过程中信息的损失，并利用残差膨胀模块对高级语义特征进行压缩处理，以保留有效的阴影特征。此外，在解码部分添加上下文语义融合方法对不同尺度的信息进行聚合，从而加强全局空间关系。最后，提出一个新的损失函数来发现更多分散的阴影。在两个阴影数据集（AISD 和 SSAD）上进行的实验表明相比其他方法，所提出的 CDANet 方法可以有效地检测小物体的阴影。此外，通过光谱变异性实验，证明 CDANet 方法可以在有色差的图像上保持更好的检测效果。同时，通过敏感性分析和复杂度分析，证明 CDANet 方法具有较高的鲁棒性和高效性。最后，进行消融实验来验证 CDANet 方法中的每个模块对模型性能的贡献。

在未来的工作中，计划使用阴影边缘信息作为辅助信息来提高阴影检测的准确性，并准备使用较为简洁的网络来完成阴影检测，以满足轻量级网络的标准。此外，由于阴影对 L 通道更加敏感，计划将 RGB 图像转换为 LAB 图像进行特征学习，从而更加简便地识别阴影区域。

由于光线角度的缘故，高分辨率遥感影像中常常会出现亮度高于阴影，低于无阴影区域的软阴影，严重干扰检测的结果。对此，计划利用分级检测的方法，对无阴影区域、软阴影区域、阴影区域进行检测，从而实现多分类阴影检测效果，简化后续阴影消除的难度。

12.4　基于非线性光照迁移的阴影去除

在遥感阴影去除方面，本书提出不规则区域匹配与非线性光照迁移阴影去除算法。首先，考虑阴影会对地物的颜色和纹理特征存在削弱，设计方向自适应的光照无关特征提取方法，以突出阴影内的地物纹理。其次，对不规则图像块构建光学视觉特征矩阵，利用奇异值原理实现阴影块与光照块的区域匹配过程。然后，对提出的非线性光照迁移算法进行公式推导，以实现阴影去除过程。为了提升图像视觉效果，对去除后阴影区域进行多尺度细节融合处理。最后，对于阴影边界处理，提出基于曼哈顿距离的动态补偿过程，以实现阴影区域到光照区域在边界上的自然过渡。在实验部分，与其他阴影去除方法进行定性及定量上的研究，验证了本书提出的基于非线性光照迁移的阴影去除方法在阴影去除上的优异性能。此外，三维视图及其他数据集上，也详细描述了所提出方法的去除效果。

虽然本书在现有的研究基础上，针对遥感影像阴影去除当前存在的难点，提出基于非线性光照迁移的阴影去除方法，取得了较好的阴影去除结果，但是仍然存在不足之处，需要更加深入的研究，主要包括以下两点。

（1）在阴影去除中，由于地物受阴影的遮挡，其表面的颜色和纹理信息会有不同程度的衰减，在光照区域中寻找特征相近的图像块时，会存在部分区域匹配结果不准确。这样在非线性光照迁移阴影去除的过程中，会存在一些局部细节过度曝光的问题。在后期的研究中，将从两方面着手进行优化：①构建光学视觉特征矩阵的过程中，考虑加入更多的不同颜色空间的分量及纹理特征，以丰富不规则区域的特征描述，使其匹配过程更加准确；②在对阴影区域及光照区域进行块分割后，应分别对两个区域内表示同一地物类型的图像块进行融合，以避免部分图像块尺寸过小造成错误的匹配结果。

（2）在阴影去除过程中存在对图像进行分割的操作，由于遥感影像成像空间范围广，当前这种分割方法会造成较大的计算量，严重降低计算效率。因此，在以后的研究中，考虑寻找计算时间更快的图像分割方法或采用对图像进行切片并行处理的思想，以提升阴影去除效率。

12.5　基于区域分组匹配的阴影去除

针对阴影去除任务，本书提出一种基于区域分组匹配的阴影去除方法，该方法能够兼顾整体与局部区域的阴影去除效果，并保留地物的纹理细节。首先，考虑地物空间距离越近则相似性越高，基于阴影掩膜提取阴影区域周围部分非阴影区域。其次，使用所提出的不规则区域色彩转移方法对阴影区域进行初步光照恢复。接着，利用旋转不变的光照无关纹理特征提取方法来提取出地物的纹理细节，并对其进行去噪处理。然后，基于图像分割算法对阴影区域和非阴影区域图像进行分割，并根据颜色矩原理进行内部分组，防止后续匹配过程因部分图像块尺寸过小而造成匹配结果异常。最后，构建阴影组与光照组的平均纹理特征向量并基于此进行分组匹配，利用所匹配的光照组对阴影组进行局部阴影去除效果增强。

为了验证所提出的基于区域分组匹配的阴影去除算法的有效性与优越性，基于 AISD 数据集与一系列阴影去除算法进行对比实验分析，从定性、定量、地表覆盖分类及三维灰度图几个方面，全面地验证本书所提出的方法的阴影去除效果更好。此外，在其他常用开源数据集上，选取部分不同的场景影像进一步验证基于区域分组匹配的阴影去除方法的有效性。最后，通过消融实验验证所提出方法中每个步骤的必要性。

遥感影像经过阴影去除后，会在影像原阴影边界部分产生异常噪点，导致图像质量降低并破坏视觉连贯性。因此，本书设计一种顾及空间结构信息与值域信息的动态加权边界优化算法来针对边界部分进行修复优化。为了验证顾及空间结构信息与值域信息的动态加权边界优化方法的有效性与优越性，基于 AISD 数据集与常用滤波方法进行对比实验分析，证明所提出的方法能够保留边界纹理细节并且修复效果更好。此外，基于其他常用开源数据集，在阴影去除结果基础上，进一步验证所提出的边界优化算法的有效性。

在遥感影像阴影去除方法研究过程中，发现仍有以下几点值得在后续研究工作中进一步的完善。

（1）在高分辨率遥感影像的阴影去除过程中，通常需要对阴影和非阴影区域进行一对一匹配的处理，这样才能更准确地恢复阴影区域中的颜色与纹理细节。但是在区域匹配的过程中，总会有匹配异常的情况出现，虽然本书添加了二次筛选的步骤，能够在一定程度上排除匹配异常的情况，但是这部分仍待加强。因此，如何校正匹配异常情况，提高匹配精度是后续研究的关注点之一。

（2）现有的许多遥感影像阴影去除算法都绕不开图像分割，但是通常遥感影像的图幅比较大，对其进行较为精细的分割将会导致计算量较大，影响影像的阴影去除效率。因此，如何提高遥感影像阴影去除的效率也是值得深入研究的问题。

（3）在今后的研究过程中，可以考虑场景特征的引入，考虑地形、植被覆盖等场景特征，设计针对性的阴影去除算法，提高在不同地形和光照条件下的去除效果。

（4）可以考虑建立统一的评估标准和指标，以便对不同的阴影去除方法进行客观的比较和选择，推动该领域的进一步发展。

12.6 基于深度学习的渐进式阴影去除网络

针对阴影去除问题，本书提出一个利用生成对抗网络实现遥感影像阴影去除的框架（KO-Shadow）。首先，利用一个阴影预消除子网络进行阴影的初步去除。然后，使用被一个先验知识指导的细化子网络更仔细地优化阴影区域的光谱和纹理信息。最后，这两个生成器由一个局部特征鉴别器进行监督训练，从而更好地指导生成器生成更加逼真的图像。

为了评估所提出的模型的有效性，分别与 LCC、HMC、Deshadow、G2R-ShadowNet 和 CL 方法的阴影去除结果进行了可视化对比，同时计算 OA、Precision、Recall 和 F_{Measure} 等指标，以定量、全面地描述去除方法的性能。在 AISD 数据集上进行的实验表明，所提出的 KO-Shadow 方法比其他方法更具稳定性，可以有效去除阴影。此外，对复杂场景进行的泛化性分析，验证了模型的鲁棒性，KO-Shadow 方法在去除阴影后可以更好地保持纹理信息。值得注意的是，在纹理保持度分析的实验中，KO-Shadow 方法对不同的表面类型表现出更多有针对性的恢复效果。最后，利用消融实验验证 KO-Shadow 方法模型中每个子网络的有效性。

针对遥感影像阴影去除，计划创建一个提取特定区域信息的生成器，从而可以更有效地处理遥感影像中的特定区域。此外，阴影去除后阴影区域纹理的恢复也需要更好的保持，因此，计划使用地表覆盖分类与阴影去除相结合的方法，确定每种地物阴影与非阴影区域的数据库，实现阴影去除后一一对应的纹理恢复。最后，计划设计一个模型，将遥感影像中的阴影检测和阴影去除问题整合在一起，实现只需要原始图像就可以完成阴影去除的端到端模型的开发。

参 考 文 献

[1] Zhang L, Long C, Zhang X, et al. Exploiting residual and illumination with gans for shadow detection and shadow removal[J]. ACM Transactions on Multimedia Computing, Communications, and Applications, 2023, 19(3): 1-22.

[2] Li H F, Zhang L P, Shen H F. An adaptive nonlocal regularized shadow removal method for aerial remote sensing images[J]. IEEE Transactions on Geoscience and Remote Sensing, 2014, 52(1): 106-120.

[3] Luo S, Li H F, Shen H F. Deeply supervised convolutional neural network for shadow detection based on a novel aerial shadow imagery dataset[J]. ISPRS Journal of Photogrammetry and Remote Sensing, 2020, 167: 443-457.

[4] Li Z W, Shen H F, Li H F, et al. Multi-feature combined cloud and cloud shadow detection in GaoFen-1 wide field of view imagery[J]. Remote Sensing of Environment, 2017, 191: 342-358.

[5] Luo S, Shen H F, Li H F, et al. Shadow removal based on separated illumination correction for urban aerial remote sensing images[J]. Signal Processing, 2019, 165: 197-208.

[6] Hsieh S, Yang C, Lu Y. Shadow removal through learning-based region matching and mapping function optimization[C]//IEEE International Conference on Multimedia and Expo (ICME), Taipei, 2022: 1-6.

[7] Liu J W, Wang Q, Fan H J, et al. A shadow imaging bilinear model and three-branch residual network for shadow removal[J]. IEEE Transactions on Neural Networks and Learning Systems, 2023: 1-15.

[8] Guo M Q, Liu H, Xu Y Y, et al. Building extraction based on U-Net with an attention block and multiple losses[J]. Remote Sensing, 2020, 12(9): 1400.

[9] 葛乐. 遥感影像高大建筑物阴影检测与去除算法研究[D]. 长春: 中国科学院长春光学精密机械与物理研究所, 2018.

[10] Shi L, Fang J, Zhao Y F. Automatic shadow detection in high-resolution multispectral remote sensing images[J]. Computers and Electrical Engineering, 2023, 105: 108557.

[11] 肖筱月. 单幅图像阴影检测与去除研究[D]. 北京: 北京交通大学, 2020.

[12] Kang X D, Huang Y F, Li S T, et al. Extended random walker for shadow detection in very high resolution remote sensing images[J]. IEEE Transactions on Geoscience and Remote Sensing, 2018, 56(2): 867-876.

[13] Silva G F, Carneiro G B, Doth R, et al. Near real-time shadow detection and removal in aerial motion imagery application[J]. ISPRS Journal of Photogrammetry and Remote Sensing, 2018, 140: 104-121.

[14] Liasis G, Stavrou S. Satellite images analysis for shadow detection and building height estimation[J]. ISPRS Journal of Photogrammetry and Remote Sensing, 2016, 119: 437-450.

[15] He Z J, Zhang Z Z, Guo M Q, et al. Adaptive unsupervised-shadow-detection approach for remote-sensing image based on multichannel features[J]. Remote Sensing, 2022, 14(12): 2756.

[16] Wang S T, Zheng H. Clustering-based shadow edge detection in a single color image[C]//International Conference on Mechatronic Sciences, Electric Engineering and Computer (MEC), Shenyang, IEEE, 2013: 1038-1041.

[17] Zhang J, Shi X L, Zheng C Y, et al. MRPFA-Net for shadow detection in remote-sensing images[J]. IEEE Transactions on Geoscience and Remote Sensing, 2023, 61: 5514011.

[18] Zhang L, Zhang Q, Xiao C X. Shadow remover: Image shadow removal based on illumination recovering optimization[J]. IEEE Transactions on Image Processing, 2015, 24(11): 4623-4636.

[19] Luo W J, Xie X H, Deng K Y, et al. Learning shadow removal from unpaired samples via reciprocal learning[J]. IEEE Transactions on Image Processing, 2023, 32: 3455-3464.

[20] Finlayson G D, Drew M S, Lu C. Entropy minimization for shadow removal[J]. International Journal of Computer Vision, 2009, 85(1): 35-57.

[21] Finlayson G D, Hordley S D, Lu C, et al. On the removal of shadows from images[J]. IEEE Transactions on Pattern Analysis and Machine Intelligence, 2006, 28(1): 59-68.

[22] Vicente T, Hoai M, Samaras D. Leave-One-Out Kernel optimization for shadow detection and removal[J]. IEEE Transactions on Pattern Analysis and Machine Intelligence, 2018, 40(3): 682-695.

[23] Panagopoulos A, Samaras D, Paragios N. Robust shadow and illumination estimation using a mixture model[C]//IEEE Conference on Computer Vision and Pattern Recognition, Miami, 2009: 651-658.

[24] Jung C R. Efficient background subtraction and shadow removal for monochromatic video sequences[J]. IEEE Transactions on Multimedia, 2009, 11(3): 571-577.

[25] Makarau A, Richter R, Müller R, et al. Adaptive shadow detection using a blackbody radiator model[J]. IEEE Transactions on Geoscience and Remote Sensing, 2011, 49(6): 2049-2059.

[26] Tian J D, Zhu L L, Tang Y D. Outdoor shadow detection by combining tricolor attenuation and intensity[J]. EURASIP Journal on Advances in Signal Processing, 2012, 2012: 1-8.

[27] Zhu Z, Woodcock C E. Object-based cloud and cloud shadow detection in Landsat imagery[J]. Remote Sensing of Environment, 2012, 118: 83-94.

[28] Lee G, Lee M, Lee W, et al. Shadow detection based on regions of light sources for object extraction in nighttime video[J]. Sensors, 2017, 17(3): 659.

[29] 杨俊, 赵忠明. 基于归一化 RGB 色彩模型的阴影处理方法[J]. 光电工程, 2007(12): 92-96.

[30] Finlayson G, Fredembach C, Drew M S, et al. Detecting illumination in images[C]//11th International Conference on Computer Vision (ICCV), Rio de Janeiro, IEEE, 2007: 1-8.

[31] 陈铄. 高空间分辨率遥感影像中建筑物阴影的处理研究[D]. 成都: 西南交通大学, 2014.

[32] Tsai V J. A comparative study on shadow compensation of color aerial images in invariant color models[J]. IEEE Transactions on Geoscience and Remote Sensing, 2006, 44(6): 1661-1671.

[33] 谢亚坤, 张珩, 冯德俊, 等. 顾及水域的 QuickBird 影像阴影检测方法研究[J]. 测绘工程, 2018, 27(11): 34-39.

[34] 王宁. 图像的阴影检测与去除算法研究[D]. 北京: 北京交通大学, 2008.

[35] Sarabandi P, Yamazaki F, Matsuoka M, et al. Shadow detection and radiometric restoration in satellite high resolution images[C]//International Geoscience and Remote Sensing Symposium, IEEE, 2004: 3744-3747.

[36] Bao H Y, Yan L, Yong-Yi Y. The study on shadow detection and shadow elimination in the urban aerial image[J]. Remote Sensing Information, 2010, 1: 44-47.

[37] Dong X Y, Cao J N, Zhao W H. A review of research on remote sensing images shadow detection and application to building extraction[J]. European Journal of Remote Sensing, 2024, 57(1): 2293163.

[38] Khan S H, Bennamoun M, Sohel F, et al. Automatic shadow detection and removal from a single image[J]. IEEE Transactions on Pattern Analysis and Machine Intelligence, 2016, 38(3): 431-446.

[39] Zhu L, Deng Z J, Hu X W, et al. Bidirectional feature pyramid network with recurrent attention residual modules for shadow detection[C]//European Conference on Computer Vision (ECCV), Munich, Berlin: Springer International Publishing, 2018: 122-137.

[40] Le H, Samaras D. From shadow segmentation to shadow removal[C]//Computer Vision-ECCV 2020: 16th European Conference, Glasgow, Berlin: Springer, 2020: 264-281.

[41] Wang T, Hu X, Wang Q, et al. Instance shadow detection[C]//IEEE/CVF Conference on Computer Vision and Pattern Recognition, 2020: 1880-1889.

[42] Nguyen V, Yago Vicente T F, Zhao M, et al. Shadow detection with conditional generative adversarial networks[C]//IEEE International Conference on Computer Vision, 2017: 4510-4518.

[43] Hu X W, Fu C W, Zhu L, et al. Direction-aware spatial context features for shadow detection and removal[J]. IEEE Transactions on Pattern Analysis and Machine Intelligence, 2020, 42(11): 2795-2808.

[44] Chaki J. Shadow detection from images using fuzzy logic and PCPerturNet[J]. IET Image Processing, 2021, 15(10): 2384-2397.

[45] Chen Z, Wan L, Zhu L, et al. Triple-cooperative video shadow detection[C]//IEEE/CVF Conference on Computer Vision and Pattern Recognition, 2021: 2715-2724.

[46] Finlayson G D, Hordley S D, Drew M S. Removing shadows from images[C]//7th European Conference on Computer Vision Copenhagen, Denmark. Berlin: Springer, 2002: 823-836.

[47] Liu F, Gleicher M. Texture-consistent shadow removal[C]//European Conference on Computer Vision (ECCV), Marseille. Berlin: Springer Berlin Heidelberg, 2008: 437-450.

[48] Mohan A, Tumblin J, Choudhury P. Editing soft shadows in a digital photograph[J]. IEEE Computer Graphics and Applications, 2007, 27(2): 23-31.

[49] 黄微, 傅利琴, 王琛. 基于梯度域的保纹理图像阴影去除算法[J]. 计算机应用, 2013, 33(8): 2317-2319.

[50] Murali S, Govindan V K. Shadow detection and removal from a single image using LAB color space[J]. Cybernetics and Information Technologies, 2013, 13(1): 95-103.

[51] Zhang H Y, Sun K M, Li W Z. Object-oriented shadow detection and removal from urban high-resolution remote sensing images[J]. IEEE Transactions on Geoscience and Remote Sensing, 2014, 52(11): 6972-6982.

[52] Shor Y, Lischinski D. The shadow meets the mask: Pyramid-based shadow removal[J]. Computer Graphics Forum, 2008, 27(2): 577-586.

[53] Guo R Q, Dai Q Y, Hoiem D, et al. Single-image shadow detection and removal using paired regions[C]//IEEE Conference on Computer Vision and Pattern Recognition (CVPR), Colorado, 2011: 2033-2040.

[54] 傅利琴. 基于光照无关图的图像去阴影方法研究[D]. 上海: 上海大学, 2013.

[55] Xiao C, Xiao D, Zhang L, et al. Efficient shadow removal using subregion matching illumination transfer[J]. Computer Graphics Forum, Wiley Online Library, 2013: 421-430.

[56] Xiao Y, Tsougenis E, Tang C. Shadow removal from single RGB-D images[C]//IEEE Conference on Computer Vision and Pattern Recognition, 2014: 3011-3018.

[57] 张玲. 图像光照恢复与分解技术研究[D]. 武汉: 武汉大学, 2017.

[58] Fan X, Wu W, Zhang L, et al. Shading-aware shadow detection and removal from a single image[J]. The Visual Computer, 2020, 36: 2175-2188.

[59] Qu L Q, Tian J D, He S F, et al. DeshadowNet: A multi-context embedding deep network for shadow removal[C]//IEEE Conference on Computer Vision and Pattern Recognition (CVPR), Honolulu, 2017: 4067-4075.

[60] Khan S H, Bennamoun M, Sohel F, et al. Automatic feature learning for robust shadow detection[C]//IEEE Conference on Computer Vision and Pattern Recognition, 2014: 1939-1946.

[61] Cun X, Pun C, Shi C. Towards ghost-free shadow removal via dual hierarchical aggregation network and shadow matting gan[C]//AAAI Conference on Artificial Intelligence, 2020: 10680-10687.

[62] Wang J F, Li X, Yang J, et al. Stacked conditional generative adversarial networks for jointly learning shadow detection and shadow removal[C]//IEEE Conference on Computer Vision and Pattern Recognition (CVPR), Salt Lake City, 2018: 1788-1797.

[63] Ding B, Long C J, Zhang L, et al. ARGAN: Attentive recurrent generative adversarial network for shadow detection and removal[C]//IEEE/CVF International Conference on Computer Vision (ICCV), Seoul, 2019: 10212-10221.

[64] Lin Y, Chen W, Chuang Y. Bedsr-net: A deep shadow removal network from a single document image[C]//IEEE/CVF Conference on Computer Vision and Pattern Recognition, 2020: 12905-12914.

[65] Zhang L, Long C, Yan Q, et al. CLA-GAN: A context and lightness aware generative adversarial network for shadow removal[J]. Computer Graphics Forum, Wiley Online Library, 2020: 483-494.

[66] Hu X, Jiang Y, Fu C, et al. Mask-shadowgan: Learning to remove shadows from unpaired data[C]//IEEE/CVF International Conference on Computer Vision, 2019: 2472-2481.

[67] Arévalo V, González J, Ambrosio G. Shadow detection in colour high-resolution satellite images[J]. International Journal of Remote Sensing, 2008, 29(7): 1945-1963.

[68] Polidorio A M, Flores F C, Imai N N, et al. Automatic shadow segmentation in aerial color images[C]//16th Brazilian Symposium on Computer Graphics and Image Processing, Sao Carlos, IEEE, 2003: 270-277.

[69] 高萍. 基于单幅图像阴影检测与去除算法的研究[D]. 武汉: 华中师范大学, 2016.

[70] Park H. α-MeanShift plus plus : Improving meanshift plus plus for image segmentation[J]. IEEE Access, 2021, 9: 131430-131439.

[71] Sinaga K P, Yang M S. Unsupervised k-means clustering algorithm[J]. IEEE Access, 2020, 8: 80716-80727.

[72] Pan D F, Wang B. An improved canny algorithm[C]//27th Chinese Control Conference, Kunming, China, 2008: 456-459.

[73] Liu J, Fang T, Li D. Shadow detection in remotely sensed images based on self-adaptive feature selection[J]. IEEE Transactions on Geoscience and Remote Sensing, 2011, 49(12): 5092-5103.

[74] 鲍海英, 李艳, 尹永宜. 城市航空影像的阴影检测和阴影消除方法研究[J]. 遥感信息, 2010(1): 44-47.

[75] 焦玮. 高分辨率遥感影像阴影检测算法研究[D]. 安徽: 合肥工业大学, 2018.

[76] 岳照溪. 高分辨率遥感影像阴影检测与去除技术研究[D]. 武汉: 武汉大学, 2018.

[77] Khekade A, Bhoyar K. Shadow detection based on RGB and YIQ Color models in Color aerial images[C]//International Conference On Futuristic Trends in Computational Analysis and Knowledge Management, Greater Noida, IEEE, 2015: 144-147.

[78] Su Y Z, Li A H, Cai Y P, et al. Moving shadow detection with multifeature joint histogram[J]. Journal of Electronic Imaging, 2014, 23(5): 1-7.

[79] Zeng S H, Wang Q, Wang S, et al. Shadow detection of soil image based on density peak clustering and histogram fitting[J]. Journal of Intelligent & Fuzzy Systems, 2022, 43(3): 2963-2971.

[80] Li H X, Yu X L, Sun X D, et al. Shadow detection in SAR images: An OTSU- and CFAR-based method[C]//IEEE International Geoscience and Remote Sensing Symposium (IGARSS), Waikoloa, 2020: 2803-2806.

[81] Basij M, Yazdchi M, Moallem P, et al. Automatic shadow detection in intra vascular ultrasound images using adaptive thresholding[C]//IEEE International Conference on Systems, Man, and Cybernetics (SMC), 2012: 2173-2177.

[82] Lu K, Xia S, Zhang J, et al. Robust road detection in shadow conditions[J]. Journal of Electronic Imaging, 2016, 25(4): 43027.

[83] Wang X, Wang L, Li G, et al. A robust and fast method for sidescan sonar image segmentation based on region growing[J]. Sensors, 2021, 21(21): 6960.

[84] Shao Q, Xu C, Zhou Y, et al. Cast shadow detection based on the YCbCr color space and topological cuts[J]. The Journal of Supercomputing, 2020, 76: 3308-3326.

[85] 靳华中, 袁福祥, 李庆鹏, 等. 结合新色彩空间和 PCA 的高分影像阴影检测方法[J]. 无线电工程, 2021.

[86] 于晓熹. 基于 RGB 彩色空间的车辆阴影检测方法研究[D]. 长春: 东北师范大学, 2013.

[87] 薛丹. 融合改进粒子群算法的图像检索研究[D]. 太原: 中北大学, 2018.

[88] 杨佳攀. 基于粒子群算法的最大熵多阈值图像分割方法研究[D]. 新乡: 河南师范大学, 2020.

[89] Hashim F A, Hussien A G. Snake optimizer: A novel meta-heuristic optimization algorithm[J]. Knowledge-Based Systems, 2022, 242: 108320.

[90] Park K, Lee Y S. Simple shadow removal using shadow depth map and illumination-invariant feature[J]. The Journal of Supercomputing, 2022, 78(3): 4487-4502.

[91] Yang L, Wang X F, Ding H S, et al. A survey of intelligent optimization algorithms for solving satisfiability problems[J]. Journal of Intelligent & Fuzzy Systems, 2023, 45(1): 445-461.

[92] Abdel-Basset M, Mohamed R, Jameel M, et al. Spider wasp optimizer: A novel meta-heuristic optimization algorithm[J]. Artificial Intelligence Review, 2023, 56(10): 11675-11738.

[93] Mostafa Y, Abdelhafiz A. Accurate shadow detection from high-resolution satellite images[J]. IEEE Geoscience and Remote Sensing Letters, 2017, 14(4): 494-498.

[94] 位明露, 詹总谦. 一种改进的航空遥感影像阴影自动检测方法[J]. 测绘通报, 2016(6): 14-17.

[95] Zhong C T, Li G, Meng Z. Beluga whale optimization: A novel nature-inspired metaheuristic algorithm[J]. Knowledge-Based Systems, 2022, 251: 109215.

[96] Mohajerani S, Saeedi P. Shadow detection in single RGB images using a context preserver convolutional neural network trained by multiple adversarial examples[J]. IEEE Transactions on Image Processing, 2019, 28(8): 4117-4129.

[97] Tan M, Le Q V. Mixconv: Mixed depthwise convolutional kernels[J]. In 30th British Machine Vision Conference, 2019: 2

[98] Luo W, Li Y, Urtasun R, et al. Understanding the effective receptive field in deep convolutional neural networks[J]. Advances in Neural Information Processing Systems, 2016, 29: 13-20.

[99] He K, Zhang X, Ren S, et al. Deep residual learning for image recognition[C]//IEEE Conference on Computer Vision and Pattern Recognition, 2016: 770-778.

[100] Berman M, Triki A R, Blaschko M B. The lovász-softmax loss: A tractable surrogate for the optimization of the intersection-over-union measure in neural networks[C]//IEEE Conference on Computer Vision and Pattern Recognition, 2018: 4413-4421.

[101] Mehta R, Egiazarian K. Dominant rotated local binary patterns (DRLBP) for texture classification[J]. Pattern Recognition Letters, 2016, 71: 16-22.

[102] Prasath V S, Thanh D N, Hai N H. Regularization parameter selection in image restoration with inverse gradient: Single scale or multiscale?[C]//IEEE 7th International Conference on Communications and Electronics (ICCE), 2018: 278-282.

[103] Zhu A X, Lu G, Liu J, et al. Spatial prediction based on Third Law of Geography[J]. Annals of GIS, 2018, 24(4): 225-240.

[104] Lindeberg T. Scale-space theory: A basic tool for analyzing structures at different scales[J]. Journal of Applied Statistics, 1994, 21(1-2): 225-270.

[105] Kim Y, Koh Y J, Lee C, et al. Dark image enhancement based on pairwise target contrast and multi-scale detail boosting[C]//International Conference on Image Processing (ICIP), IEEE, 2015: 1404-1408.

[106] Jia D, Fang J, He X, et al. A method of color image edge extraction based on Manhattan distance map[C]//9th International Conference on Natural Computation (ICNC), IEEE, 2013: 990-994.

[107] Rodríguez P. Total variation regularization algorithms for images corrupted with different noise models: A review[J]. Journal of Electrical and Computer Engineering, 2013, 2013: 10.

[108] Afifi M, Brubaker M A, Brown M S. Histogan: Controlling colors of gan-generated and real images via color histograms[C]//IEEE/CVF Conference on Computer Vision and Pattern Recognition, 2021: 7941-7950.

[109] Krizhevsky A, Sutskever I, Hinton G E. ImageNet classification with deep convolutional neural networks[J]. Communications of the ACM, 2017, 60(6): 84-90.

[110] Xie S, Girshick R, Dollár P, et al. Aggregated residual transformations for deep neural networks[C]//IEEE Conference on Computer Vision and Pattern Recognition, 2017: 1492-1500.

[111] Maggiori E, Tarabalka Y, Charpiat G, et al. Can semantic labeling methods generalize to any city? The inria aerial image labeling benchmark[C]//IEEE International Geoscience and Remote Sensing Symposium (IGARSS), Fort Worth, 2017: 3226-3229.

[112] Yang M Y, Liao W T, Li X B, et al. Deep learning for vehicle detection in aerial images[C]//25th IEEE International Conference on Image Processing (ICIP), Athens, 2018: 3079-3083.

[113] Liu X X, Yang F B, Wei H, et al. Shadow removal from UAV images based on color and texture equalization compensation of local homogeneous regions[J]. Remote Sensing, 2022, 14(11): 2616.

[114] Xue W F, Zhang L, Mou X Q, et al. Gradient magnitude similarity deviation: A highly efficient perceptual image quality index[J]. IEEE Transactions on Image Processing, 2014, 23(2): 684-695.

[115] Dong Y, Feng H J, Xu Z H, et al. Attention Res-Unet: An efficient shadow detection algorithm[J]. Journal of ZheJiang University (Engineering Science), 2019, 53(2): 373-381.

[116] Chai D, Newsam S, Zhang H K, et al. Cloud and cloud shadow detection in Landsat imagery based on deep convolutional neural networks[J]. Remote Sensing of Environment, 2019, 225: 307-316.

[117] Gong H, Cosker D. Interactive removal and ground truth for difficult shadow scenes[J]. Journal of the Optical Society of America A, 2016, 33(9): 1798-1811.

[118] Yu X M, Li G, Ying Z Q, et al. A new shadow removal method using color-lines[C]//17th International Conference on Computer Analysis of Images and Patterns (CAIP), Ystad. Berlin: Springer International Publishing, 2017: 307-319.

[119] Zhou T, Fu H, Sun C, et al. Shadow detection and compensation from remote sensing images under complex urban conditions[J]. Remote Sensing, 2021, 13(4): 699.

[120] Jin Y, Sharma A, Tan R T. Dc-shadownet: Single-image hard and soft shadow removal using unsupervised domain-classifier guided network[C]//IEEE/CVF International Conference on Computer Vision, 2021: 5027-5036.

[121] Inoue N, Yamasaki T. Learning from synthetic shadows for shadow detection and removal[J]. IEEE Transactions on Circuits and Systems for Video Technology, 2021, 31(11): 4187-4197.

[122] Zhang X F, Gu C C, Zhu S Y. SpA-Former: An Effective and lightweight Transformer for image shadow removal[C] International Joint Conference on Neural Networks (IJCNN), Gold Coast, IEEE, 2023: 1-8.

[123] Ronneberger O, Fischer P, Brox T. U-Net: Convolutional networks for biomedical image segmentation: Medical image computing and computer-assisted intervention[C]//18th International Conference, Munich. Berlin: Springer International Publishing, 2015: 234-241.

[124] Zhu L, Xu K, Ke Z H, et al. Mitigating intensity bias in shadow detection via feature decomposition and reweighting[C]//IEEE/CVF International Conference on Computer Vision (ICCV), Montreal, 2021: 4682-4691.

[125] Chen Z H, Zhu L, Wan L, et al. A multi-task mean teacher for semi-supervised shadow detection[C]//IEEE/CVF Conference on Computer Vision and Pattern Recognition (CVPR), Seattle,

2020: 5610-5619.

[126] Tsai V. A comparative study on shadow compensation of color aerial images in invariant color models[J]. IEEE Transactions on Geoscience and Remote Sensing, 2006, 44(6): 1661-1671.

[127] Liu Z H, Yin H, Wu X Y, et al. From Shadow Generation to Shadow Removal[C]//IEEE/CVF Conference on Computer Vision and Pattern Recognition (CVPR), Nashville, 2021: 4925-4934.

[128] Deb K, Suny A H. Shadow detection and removal based on YCbCr color space[J]. Smart Computing Review, 2014, 4(1): 23-33.

[129] Zhang Y, Chen G, Vukomanovic J, et al. Recurrent shadow attention model (RSAM) for shadow removal in high-resolution urban land-cover mapping[J]. Remote Sensing of Environment, 2020, 247: 111945.